"十四五"职业教育国家规划教材

职业院校校企"双元"合作电气类专业立体化教材

电子技能实训

主　编　王文利　　王维刚

副主编　李　谦　　刘江丽

参　编　王　磊　　王　彦

　　　　李　丹　　张义宝

　　　　张艳华　　吴海蕊

　　　　周永革　　陶　春

　　　　高建国　　徐小霞

　　　　薛灿亮

机械工业出版社

本书是"十四五"职业教育国家规划教材，是配合"电子技术基础"课程教学而编写的实训教材。全书由 12 个实训任务组成，涵盖了模拟电路和数字电路中常见的电路知识，内容包括电子产品组装与调试的工艺、方法和步骤。本书编写中注重引进企业电子产品生产制造规范和电子行业 IPC-A-610E 技术标准，实训任务编排上贴近企业生产过程，由工艺准备、元器件检测、组装焊接、工艺及电路连接检查、电路调试与测量、故障分析与排除、收获与总结等环节组成，能够理论联系实践，指导学生开展专业学习活动。学习本书有助于学生巩固"电子技术基础"课程中所学的电路知识，对电路结构和工作原理加深理解，同时也可促进学生形成从事电子电气相关工作的职业能力和素养。

本书可作为中等职业学校电子与信息技术、电子技术应用、电气技术应用等专业相关课程教材，也可作为相关专业的培训教材。

本书配套数字化视频资源，以二维码形式穿插于正文中，方便读者扫码观看。

图书在版编目（CIP）数据

电子技能实训/王文利，王维刚主编. —北京：机械工业出版社，2020.10（2025.1 重印）

职业院校校企"双元"合作电气类专业立体化教材

ISBN 978-7-111-66777-3

Ⅰ.①电…　Ⅱ.①王…②王…　Ⅲ.①电子技术–中等专业学校–教材　Ⅳ.①TN

中国版本图书馆 CIP 数据核字（2020）第 197649 号

机械工业出版社（北京市百万庄大街 22 号　邮政编码 100037）
策划编辑：赵红梅　责任编辑：赵红梅
责任校对：潘　蕊　封面设计：马精明
责任印制：单爱军
北京虎彩文化传播有限公司印刷
2025 年 1 月第 1 版第 8 次印刷
184mm×260mm · 9 印张 · 205 千字
标准书号：ISBN 978-7-111-66777-3
定价：29.90 元

电话服务　　　　　　　　网络服务
客服电话：010-88361066　机 工 官 网：www.cmpbook.com
　　　　　010-88379833　机 工 官 博：weibo.com/cmp1952
　　　　　010-68326294　金 书 网：www.golden-book.com
封底无防伪标均为盗版　机工教育服务网：www.cmpedu.com

关于"十四五"职业教育
国家规划教材的出版说明

为贯彻落实《中共中央关于认真学习宣传贯彻党的二十大精神的决定》《习近平新时代中国特色社会主义思想进课程教材指南》《职业院校教材管理办法》等文件精神，机械工业出版社与教材编写团队一道，认真执行思政内容进教材、进课堂、进头脑要求，尊重教育规律，遵循学科特点，对教材内容进行了更新，着力落实以下要求：

1. 提升教材铸魂育人功能，培育、践行社会主义核心价值观，教育引导学生树立共产主义远大理想和中国特色社会主义共同理想，坚定"四个自信"，厚植爱国主义情怀，把爱国情、强国志、报国行自觉融入建设社会主义现代化强国、实现中华民族伟大复兴的奋斗之中。同时，弘扬中华优秀传统文化，深入开展宪法法治教育。

2. 注重科学思维方法训练和科学伦理教育，培养学生探索未知、追求真理、勇攀科学高峰的责任感和使命感；强化学生工程伦理教育，培养学生精益求精的大国工匠精神，激发学生科技报国的家国情怀和使命担当。加快构建中国特色哲学社会科学学科体系、学术体系、话语体系。帮助学生了解相关专业和行业领域的国家战略、法律法规和相关政策，引导学生深入社会实践、关注现实问题，培育学生经世济民、诚信服务、德法兼修的职业素养。

3. 教育引导学生深刻理解并自觉实践各行业的职业精神、职业规范，增强职业责任感，培养遵纪守法、爱岗敬业、无私奉献、诚实守信、公道办事、开拓创新的职业品格和行为习惯。

在此基础上，及时更新教材知识内容，体现产业发展的新技术、新工艺、新规范、新标准。加强教材数字化建设，丰富配套资源，形成可听、可视、可练、可互动的融媒体教材。

教材建设需要各方的共同努力，也欢迎相关教材使用院校的师生及时反馈意见和建议，我们将认真组织力量进行研究，在后续重印及再版时吸纳改进，不断推动高质量教材出版。

机械工业出版社

前　言

电子技术是实践性和应用性较强的专业技术，电子产品的组装与调试技能是电子与信息技术、电子技术应用、电气技术应用等专业学生必须掌握的重要技能。通过开展电子技能实训，有助于学生加深对"电子技术基础"课程中所学理论知识的理解，有助于培养和提高电子技术应用能力。电子技能实训是学习和掌握电子技术的重要途径。实践表明：将学校的实训活动与企业的生产活动相对接，将学校技能训练标准与行业生产标准相对接，能够更好地促进学生专业核心技能和核心职业素养的形成，促进中、高职相关专业技能人才培养的衔接，将学生培养成真正意义上的职业人。

本书特点：

1. 体现了教学活动与生产活动相对接。本书在编写中参照电子产品生产制造类企业规范化生产流程和国际电子工业联接协会发布的 IPC-A-610E 技术标准。实训活动基本按照生产活动的各环节编排，使学生提前进入岗位角色。

2. 体现了能力的综合性培养原则。本书编写以实训任务为教学单元，将电子技术基础中的元器件检测、单元电路分析和组装焊接、检验测量等知识有机组合，培养学生从事相关职业的整体能力。

3. 注重对技巧和方法的总结。本书的每个实训任务都要求学生进行反思和回顾，并给出促进能力提高的方法途径，便于开展任务驱动或行动导向的教学模式。

4. 本书所涉及的电路全部经过编者安装并调试成功，实训内容翔实可行，教材中所涉及的电路套件简便易得。

本书由河北省中高职衔接专业教师协同研修——电子信息专业名师工作室成员共同完成，由王文利、王维刚担任主编，李谦、刘江丽担任副主编。实训任务 1 由李谦、刘江丽编写；实训任务 2 由高建国、薛灿亮编写；实训任务 3 由徐小霞编写；实训任务 4 由周永革、吴海蕊编写；实训任务 5 由王彦编写；实训任务 6 由刘江丽编写；实训任务 7 由李丹编写；实训任务 8 由陶春编写；实训任务 9 由王磊、陶春编写；实训任务 10 由李谦、王磊、陈磊编写；实训任务 11 由王维刚、张艳华编写；实训任务 12 由张义宝编写。全书由王文利统稿。

本书配套数字化视频资源，形象生动地演示教材中各项目的重要操作环节，使读者能够更深入地理解和掌握，便于学习者巩固和提升。本书编写得到河北工业职业技术学院智能制造学院领导、教师的指导和帮助，在此一并表示感谢。

由于编者水平有限，书中难免存在疏漏，恳请广大读者批评指正。

编　者

目　录

实训任务 1

可调直流稳压电源的组装与调试

【实训任务引入】

在生产生活中，电子设备大多以220V/50Hz交流电作为外部电源供电，而其内部的电子元器件大多需要低压直流供电，电子设备的电源就担负着把220V/50Hz交流电转换成电子设备内部电子元器件所需要的低压直流电的工作。

电源按电路结构可分为开关电源和直流稳压电源两种。开关电源是一种比较新型的电源，它通过直接整流获得高直流电压，再通过控制开关管通断时间来调整输出电压，因其内部调整管工作时处于开、关状态而得名。虽然开关电源以体积小、重量轻、效率高的优点被广泛应用，但是开关电源存在高频谐波较大的问题，在诸如医疗、科研、无线电收发等设备中，仍然需要直流稳压电源来完成电源转换的工作。直流稳压电源是先降压再整流，再由调整管的状态改变来调节输出电压。图1-1所示为某医疗设备电路板，电源采用直流稳压电路。

直流稳压电路

图1-1　某医疗设备电路板实物

【实训任务描述】

本实训任务是根据掌握的整流、滤波和稳压电路的原理知识，采用三端可调集成稳压器制作一款输出直流电压可以在一定范围内调节的直流稳压电源，并按照要求对制作完成的直流稳压电源进行调试和测量，使它达到能够正常使用的要求。可调直流稳压电源电路实物如图1-2所示。

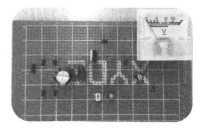

图1-2　可调直流稳压电源电路实物

【实训任务目标】 ◆◆◆ •

1. 能识别三端集成稳压器的引脚。
2. 能组装和调试可调直流稳压电源。
3. 会测试可调直流稳压电源电路的主要参数和波形。
4. 能根据电路现象分析和排除电路故障。

【实训任务准备】 ◆◆◆ •

◆ 一、相关基本知识

1. 集成稳压器

集成稳压器的种类繁多，按照输出电压是否可调分为固定式和可调式；按照输出电压的正、负极性分为正稳压器和负稳压器；按照引出端子不同分为三端集成稳压器和多端集成稳压器。其中三端集成稳压器的外形与普通三极管类似，其外部有三个引线端，即输入端、输出端和公共端，安装和使用简单、方便，因此三端集成稳压器应用十分广泛。

（1）固定式三端集成稳压器

固定式三端集成稳压器外形及引脚排列如图 1-3 所示，电路符号如图 1-4 所示。目前国产的固定式三端集成稳压器有 CW78×× 系列（输出为正电压）和 CW79×× 系列（输出为负电压），其输出电压有 ±5V、±6V、±8V、±9V、±12V、±24V 等，最大输出电流有 0.1A、0.5A、1.5A 等。固定式三端集成稳压器型号组成及含义如图 1-5 所示。

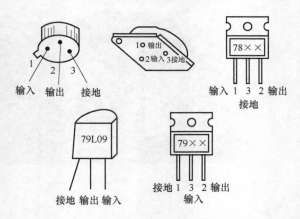

图 1-3　固定式三端集成稳压器外形及引脚排列

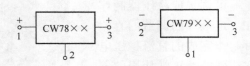

图 1-4　固定式三端集成稳压器电路符号

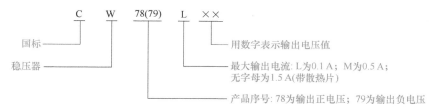

图 1-5 固定式三端集成稳压器型号组成及含义

（2）可调式三端集成稳压器

可调式三端集成稳压器不仅输出电压可调且稳压性能优于固定式，被称为第二代三端集成稳压器。其调压范围为 1.2 ~ 37V，最大输出电流为 1.5A。CW117、CW217、CW317 系列为输出正电压，CW137、CW237、CW337 系列为输出负电压。可调式三端集成稳压器外形及引脚排列如图 1-6 所示，电路符号如图 1-7 所示。可调式三端集成稳压器型号组成及含义如图 1-8 所示。

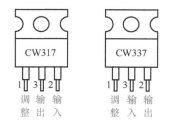

图 1-6 可调式三端集成稳压器外形及引脚排列

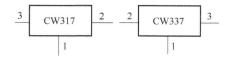

图 1-7 可调式三端集成稳压器的电路符号

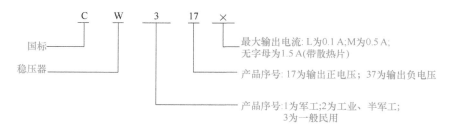

图 1-8 可调式三端集成稳压器型号组成及含义

2. 直流稳压电源框图

交流电经整流、滤波后变换成比较平滑的直流电，但电压值还不够稳定，它会随着电网电压波动或负载的变化而变化。为了获得稳定的直流电压，必须在电路中设置稳压电路进行稳压。直流稳压电源就是一种当电网电压波动或负载改变时能保持输出直流电压不变的电源电路。直流稳压电源框图及电压波形变化如图1-9所示。

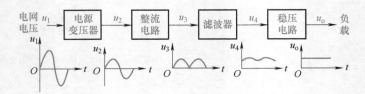

图1-9　直流稳压电源框图及电压波形变化

二、工艺文件及材料

1. 直流稳压电源电路原理图（见图1-10）

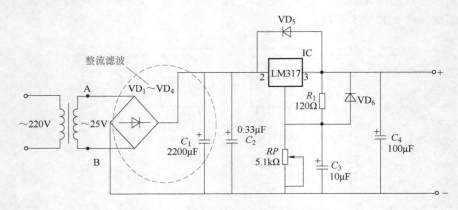

图1-10　直流稳压电源电路原理图

2. 元器件及工具清单（见表1-1）

表1-1　直流稳压电源电路元器件及工具清单

序号	名　　称	标　号	型　　号	规　　格	单位	数量
1	电阻器	R_1	RJ73	120Ω	只	1
2	电位器	RP	RJ73	5.1kΩ	个	1
3	电容器	C_1	CD11	2200μF/50V	只	1
		C_2	CD11	0.33μF/50V	只	1
		C_3	CD11	10μF/50V	只	1
		C_4	CD11	100μF/50V	只	1
4	二极管	$VD_1 \sim VD_6$	1N4001	1A/50V	只	6
5	三端集成稳压器	IC	LM317	TO-220 或 TO-220FP	片	1
6	电烙铁	—	内热式	35W	把	1
7	焊接材料	—	—	焊锡丝、导线、松香、助焊剂	套	1
8	印制电路板	—	万能板	单孔 8cm×10cm	块	1

三、实训计划和目标

根据实训任务描述制订本实训任务的实施计划和目标：

1）识别、检测元器件，保证元器件质量良好。

2）在印制电路板上组装可调三端集成稳压电源电路。

3）检查电路连接是否正确。

4）调试与测量电路。

5）进行电路原理分析及故障排除。

【实训任务步骤】 ....

STEP1 根据材料清单识别并检测元器件，将检测结果填入表1-2中。

表1-2　元器件检测结果

元器件	识别及检测内容					小组评价
电阻器	标号	色环标识	标称阻值	仪表及挡位	质量好坏	
	R_1					
电位器	标号	阻值调节范围	标称阻值	仪表及挡位	质量好坏	
	RP					
电容器	标号	耐压值	标称容量	仪表及挡位	质量好坏	
	C_1					
	C_2					
	C_3					
	C_4					
二极管	标号	正向阻值	反向阻值	仪表及挡位	质量好坏	
	$VD_1 \sim VD_6$					
三端集成稳压器	标号	封装形式	面对标注面，引脚向下，画出外形示意图，标出引脚名称	质量好坏		
	LM317					
评价标准：元器件识别与检测总配分10分，每错误一处扣1分						总分：

STEP2 在印制电路板上组装可调集成直流稳压电源电路。

1）工艺步骤合理、方法正确，布局合理整齐，焊点美观、可靠，无漏、假、虚焊。

2）元器件、导线安装及字标方向符合要求。

3）先安装低矮和耐热元器件，然后安装大元器件，最后安装怕热元器件。

4）二极管的极性不要接反，若整流桥中一只二极管接反，则会造成电源变压器短路。

5）电容器的安装注意事项：装接电解电容器时，正、负极的位置不要接错。

行业标准

以 IPC（国际电子工业联接协会）发布的 IPC-A-610E《电子组件的可接受性》为依据。

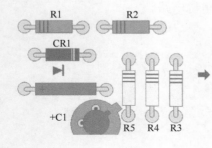

元器件水平安装的要求：
- 元器件位于其焊盘的中间。
- 元器件标记可辨识。
- 无极性元器件按照标记同向读取（从左至右或从上至下）的原则定向。

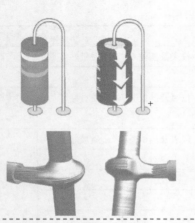

元器件垂直安装的要求：
- 无极性元器件的标识从上至下读取。
- 有极性元器件的极性标识位于顶部。

导线焊接的要求：
- 导线绝缘未因焊接过程导致熔伤、烧焦或其他损伤。

应用提示

1）可调式三端集成稳压器的引脚不能接错，同时要注意接地端不能悬空，否则容易损坏稳压器。

2）可调式三端集成稳压器 LM317 在不加散热片时仅能承受 1W 左右的功耗，加装散热片后可承受 20W 的功耗，因此需在集成稳压器上加装散热片（面积为 200mm×200mm）。

3）当市电电压波动，出现最低值时，必须保证集成稳压器的输入电压高于输出电压 2～3V，否则不能保证稳压器的正常工作。

4）当集成稳压器的输出电压大于 25V 或输出端的滤波电容大于 $25\mu F$ 时，稳压器需外接保护二极管（见图 1-10 中的 VD_5），以防止滤波电容器放电时导致集成稳压器损坏。

STEP3 作业质量检查。

按照 IPC-A-610E《电子组件的可接受性》及元器件引脚加工成形工艺要求检查本次任务的作业质量，将检查结果填入表 1-3。

表 1-3　作业检查及评分

序号	检查内容	评价标准	自查结果	小组评分
1	组装焊接工艺步骤	装接顺序合理、操作正确	每错一处扣 1 分 共扣　　分	
2	元器件布局/连接线	布局合理；元器件分布不妨碍其他紧固件进出；电路最小电气间隙不小于 0.5mm；零件标识易读；连接线长度适当、绑扎可靠、无应力集中	每错一处扣 1 分 共扣　　分	
3	焊点质量	润湿性好，表面完整、连续平滑、焊料量适中；无脱焊、拉尖、桥接等不良焊点；焊点呈弯月形，润湿角度小于 90°	每错一处扣 1 分 共扣　　分	
4	导线加工	导线长度、剥头长度适当；搪锡润湿度良好	每错一处扣 1 分 共扣　　分	
5	元器件连接	元器件连接符合原理图	每错一处扣 1 分 共扣　　分	
6	元器件引脚加工	元器件引脚成形符合工艺要求，安装及字标方向一致性好	每错一处扣 1 分 共扣　　分	
7	PCB 板面	无明显助焊剂残留、焊渣、灰尘和颗粒物；电路板光洁、无污渍、无划痕	每错一处扣 1 分 共扣　　分	
共计 10 分			总分：	

STEP4 电路调试与测量。

1）选择万用表 $R \times 10k\Omega$ 挡测量 A、B 两端的输入电阻值，记录于表 1-4 中，若阻值为零，说明电路中出现了短路，请认真检查电路中元器件极性是否正确、有无连焊后再次测试。排除电路短路情况，输入电阻阻值较大时方可进行通电测试。

2）在 A、B 两端接 16V 交流电源进行调试与测量。

① 选择万用表直流电压 50V 挡，将黑表笔接地（直流电源负端）、红表笔接 LM317 的 3 脚，将 3 脚的对地电压值记录于表 1-4 中。

② 选择万用表直流电压 10V 挡，将黑表笔接地（直流电源负端），红表笔接 LM317 的 1 脚，同时用螺钉旋具调节电位器 RP 的电阻值，1 脚的对地电压应均匀地变化；将 1 脚的电压变化范围记录于表 1-4 中。

③ 选择万用表直流电压 50V 挡，将黑表笔接地，红表笔接 LM317 的 2 脚，同时用螺钉旋具调节电位器 RP 的电阻值，2 脚的对地电压应在 1.25～21V 之间均匀地变化；将 2 脚的电压变化范围记录于表 1-4 中。

表 1-4　电路测量记录

序号	电路调试与测量	测量结果	小组评价
1	A、B 端输入电阻值		
2	LM317 的 3 脚对地电压值		
3	LM317 的 1 脚电压变化值		
4	LM317 的 2 脚电压变化值		
评价标准：能够正确测量相应位置数据，共计 10 分			总分：

知识积累

IPC 简介

IPC 最初是 The Institute of Printed Circuit 的缩写，1999 年更名为国际电子工业联接协会，旗下拥有 2600 多个协会成员单位，包括世界著名印制电路板设计、制作、组装、OEM 制作、EMS 外包的大公司。IPC 是当今全球电子制造业最有影响力的组织之一。

IPC-A-610 是目前国际上电子制造业界普遍公认的国际通行的质量检验标准，内容包括电子装配外观质量可接受性要求和电子组件制造验收要求。

STEP5 分析电路故障位置并排除电路故障。

根据表 1-5 所述的故障现象及可能原因，采取办法进行解决，完成表格中相应内容的填写。若有其他故障现象及分析请在表格下面补充。

表 1-5　故障汇总及反馈

故障现象	可能原因	解决方法	是否解决	小组评价
输出电压不可调节	电位器 1 脚开路或虚焊		是 否	
输出电压偏低，约为正常输出电压的一半	整流桥中某一只二极管开路		是 否	
评价标准：能够分析故障原因并排除故障，共计 10 分				总分：

STEP6 收获与总结。

通过本实训任务，你又掌握了哪些技能？学会了哪些知识？在实训过程中你遇到了什么问题？你是怎么处理的？请填写在表 1-6 中。

表 1-6　收获与总结

序号	掌握的技能	学会的知识	出现的问题	处理方法
1				
2				
3				
心得体会：				

创新方案

你有更好的思路和做法吗？请给大家分享一下吧。

1. 电路布局时尽量减少跳线。

2. 合理改变元器件参数，使稳压效果更好。

3. 合理改进电路，得到输出电源。

4. _____

◆▶ 小技能做大事 ◀◆

　　在进行故障判断时，可以用好的元器件替代所怀疑的元器件，如果故障排除，表明所怀疑的元器件为故障件。你学会了吗？

【实训任务评价】 ◆◆◆ ·······························

　　根据表 1-7 所列评价内容和评分标准对本次实训任务的完成情况开展自我评价与小组评价，将评价结果填入表中。

表 1-7　任务综合评价

序号	评价内容和评分标准		自我评价得分	小组评价得分
1	职业素养 （30 分）	操作符合安全操作规程		
		工具摆放、着装等符合规范		
		保持工位整洁		
2	团队合作 （20 分）	主动参与小组活动，积极配合小组成员工作，能完成自己的任务		
		能与他人共同交流和探讨，积极思考，能提出问题，能正确评价自己和他人		
3	整机装接 （40 分）	元器件检测		
		电路工艺及焊接质量检查		
		电路调试与测量		
		故障排查		
4	创新能力 （10 分）	能进行合理的创新		
总　分				
教师评语：				

【思考与提升】 ◆◆◆ ·······························

　　1. 整流桥中二极管的极性接反还能正常工作吗？可能出现什么现象？
　　2. 焊接过程中元器件焊接的先后顺序应遵循什么原则？
　　3. 利用万用表测量直流电压有哪些注意事项？

【实训任务小结】 ◆◆◆ ······························

　　本实训任务所涉及的知识、方法、能力可用思维导图进行概括，如图 1-11 所示。

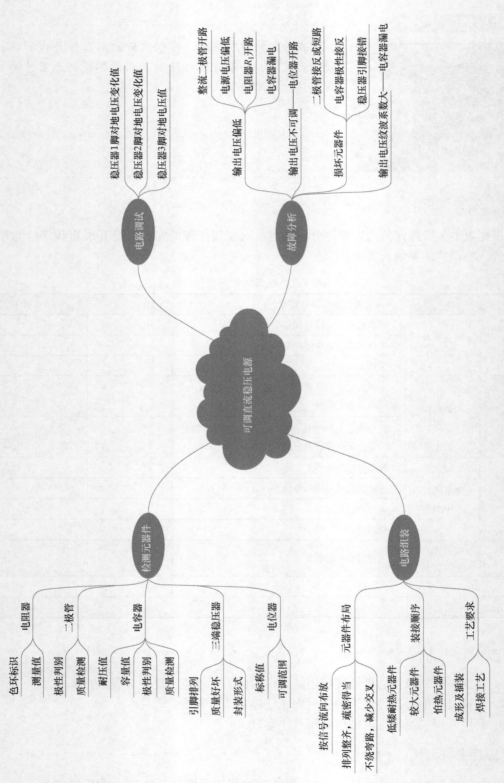

图 1-11 可调直流稳压电源思维导图

　　我们能听到的声音，小到呢喃细语，大到振聋发聩，主要可以分为两类：一类是自然界发出的声音，另一类则是由设备发出的声音。由电子设备发出的声音大多是由音源设备或发声物体发出微弱声音信号，经音频功率放大装置将信号功率放大后去推动扬声器，发出足够响度的声音。这里的音频功率放大装置简称功放。

　　功放的核心是功放电路板，在不同的应用场合下，功放电路板不尽相同，按照放大器件的类型划分，可以将其分为晶体管功放、场效应晶体管功放和集成功放三大类。其中，集成功放以宽电压、高效率、低失真、易安装调试等优点被广泛应用于收音机、录音机、MP3 等便携式和桌面型中小功率声音播放系统中。

　　图 2-1 是某汽车 CD 播放机中的集成功放电路。

集成功放电路

图 2-1　某汽车 CD 播放机中的集成功放电路

　　本实训任务是根据掌握的功率放大器原理知识，使用 TDA2822 集成功放芯片组装一款苹果造型的桌面型迷你音响，其成品外观如图 2-2 所示，并按照要求对它进行调试和测量。

图 2-2　迷你音响外观

【实训任务目标】　◆◆◆ ·

1. 会识别音频集成功放芯片 TDA2822 的引脚。
2. 能组装和调试集成功放电路。
3. 会测试集成功放电路的主要参数。
4. 能对实际故障情况进行分析并排除电路故障。

【实训任务准备】　◆◆◆ ·

◆ 一、相关基本知识

1. 音频功率放大器

音频功率放大器是用于放大音频信号功率的一类
电路的总称，主要由激励级、输出级和保护电路构
成，音频功率放大器的结构框图如图 2-3 所示。

（1）音频功率放大器的分类

音频功率放大器的电路结构不尽相同，从不同的
角度可以对其进行不同的分类，表 2-1 列出了音频功
率放大器的常见分类方法。

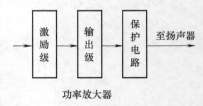

图 2-3　音频功率放大器的结构框图

表 2-1　音频功率放大器的常见分类方法

分类方法	类型
按输出级与扬声器连接方式分类	变压器耦合功率放大器、OTL 功率放大器、OCL 功率放大器、BTL 功率放大器等
按工作状态分类	甲类功率放大器、乙类功率放大器、甲乙类功率放大器等
按放大器件种类分类	晶体管功率放大器、场效应晶体管功率放大器、集成电路功率放大器等

（2）音频功率放大器的基本要求

无论哪种类型的音频功率放大器，都应该具有功率足够大、效率足够高、非线性失

真小、频率响应宽度足够宽这几个基本特点。

在音频功率放大器的这些基本特点中，功率越大，扬声器发出的响度就越大；效率越高，意味着消耗相同电源能量的前提下，扬声器能获得更多的能量；非线性失真越小，音频功放可以不失真地放大音频信号的动态范围越大；频率响应宽度则是指放大器对频率高低变化的音频信号的均衡处理能力，频率响应宽度越宽，放大出来的声音就越完美、越动听。

（3）音频功率放大器的主要技术指标

为定量表征音频功率放大器的性能，通常采用以下技术指标：

1）总谐波失真加噪声（THD + N）。总谐波失真加噪声英文为"Total Harmonic Distortion + Noise"，缩写为"THD + N"。它体现了音频功率放大器的失真度，是非常重要的指标。THD + N 越小，说明音频功率放大器的失真度越低。这一指标需要使用音频测试仪测量。

2）最大输出功率（P_o）。输出功率是指在额定电压和满足一定失真度（THD + N）的条件下，音频功率放大器在负载上的输出能力。对于一般用户而言，人们往往希望音频功率放大器有更大的输出功率。

3）电源纹波抑制比（PSRR）。电源纹波抑制比英文为"Power Supply Rejection Ratio"，缩写为"PSRR"。这一指标反映了音频功放对电源纹波干扰的抑制能力。电源纹波抑制比高的音频功放对电源中夹杂的纹波有较强的抑制能力，可以有效避免由于电源的扰动而产生的"咔咔"声或其他噪声。

2. TDA2822 芯片简介

TDA2822 是意法半导体（ST）集团开发的双通道单片音频功率放大集成电路，通常在袖珍盒式扩音机、收录机和多媒体有源音箱中作为音频功率放大器使用。它具有电路简单、音质好、电压范围宽等特点，可工作于双通道立体声或 BTL 桥接放大电路中。

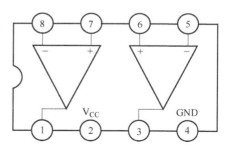

TDA2822 的内部结构框图如图 2-4 所示。

TDA2822 的引脚排列和引脚功能见表 2-2。

图 2-4　TDA2822 的内部结构框图

表 2-2　TDA2822 的引脚排列和引脚功能

引脚序号	引脚名称	引脚功能	引脚序号	引脚名称	引脚功能
1	OUT1	输出端 1	5	IN2（−）	反相输入端 2
2	V_{CC}	电源	6	IN2（+）	同相输入端 2
3	OUT2	输出端 2	7	IN1（+）	同相输入端 1
4	GND	地	8	IN1（−）	反相输入端 1

二、工艺文件和材料

1. 电路原理图

迷你音响电路原理如图 2-5 所示。

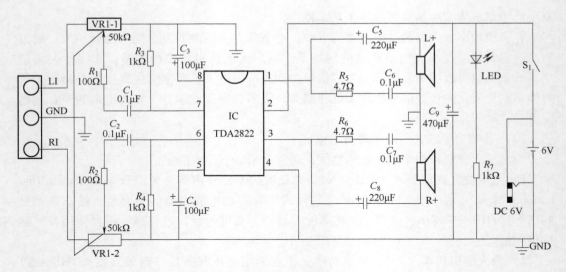

图 2-5　迷你音响电路原理图

2. 印制电路板（PCB）

印制电路板（PCB）如图 2-6 所示。

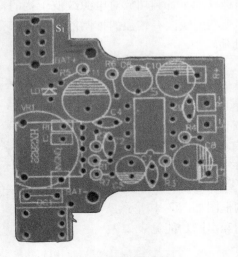

图 2-6　印制电路板

3. 迷你音响电路所需元器件清单

迷你音响电路所需元器件清单见表 2-3。

表 2-3　迷你音响电路所需元器件清单

序号	名　称	标　号	型　号	规　格	单位	数量
1	集成电路	IC	TDA2822	DIP8	片	1
2	电阻器	R_1、R_2	RJ　1/4W	100Ω	只	2
		R_3、R_4、R_7	RJ　1/4W	1kΩ	只	3
		R_5、R_6	RJ　1/4W	4.7Ω	只	2

（续）

序号	名　　称	标　号	型　号	规　格	单位	数量
3	电容器	C_3、C_4	电解电容器	$100\mu F/50V$	只	2
		C_9	电解电容器	$470\mu F/50V$	只	1
		C_5、C_8	电解电容器	$220\mu F/50V$	只	2
4	电容器	C_1、C_2、C_6、C_7	瓷片电容器	$0.1\mu F$	只	4
5	盘式电位器	VR1	B50K	$50k\Omega$	个	1
6	发光二极管	LED	红色（或绿色）	$\phi3mm$	只	1
7	DC 插座	DC 6V	DC2.1		个	1
8	拨动开关	S_1			个	1
9	前壳	塑壳			个	1
	电池仓壳	塑壳			个	1
	电池仓后盖	塑壳			个	1
	左音响前壳	塑壳			个	1
	左音响后壳	塑壳			个	1
	右音响前壳	塑壳			个	1
	右音响后壳	塑壳			个	1
	拨动开关壳	塑壳			个	1
	底座	塑壳			个	1
10	扬声器		$0.25W/8\Omega$		个	2
11	电池负片				个	1
	电池正片				个	1
	电池级联片				个	3
	弹簧片				个	4
12	自攻螺钉				个	22
13	导线			60mm/120mm	条	6
14	音频线		单插头	$\phi3.5mm$	个	1
15	印制电路板				块	1

◆ 三、实训计划和目标

根据实训任务描述制订本实训任务的实施计划和目标：

1）识别、检测元器件，保证元器件质量良好。

2）按工艺要求成形或预处理（除锈、搪锡）元器件。

3）在印制电路板上焊接元器件，完成音频功率放大器电路板的焊接。

4）调整与测试音频功率放大器电路板。

5）整机组装。

6）装接工艺及电路连接检查。

【实训任务步骤】 ·

STEP1 根据材料清单识别并检测元器件，并将检测结果填入表2-4中。

表2-4　元器件检测结果

元器件	识别及检测内容					小组评价
	标号	色环标识	标称值	仪表及挡位	质量好坏	
电阻器	R_1					
	R_2					
	R_3					
	R_4					
	R_5					
	R_6					
	R_7					
电位器	标号	阻值调节范围	标称值	仪表及挡位	质量好坏	
	VR1					
电解电容器	标号	耐压值	容量值	仪表及挡位	质量好坏	
	C_3					
	C_4					
	C_5					
	C_8					
	C_9					
扬声器	标号	线圈直流电阻	纸盆是否破损	永磁体是否破损		
	L+、L-					
	R+、R-					
集成音频功放 IC	型号	封装形式	面对标注面，引脚向下，画出外形示意图，标出引脚名称	目测引脚质量好坏		
	TDA2822					
评价标准：元器件识别与检测总配分10分，每错误一处扣1分						总分：

STEP2 按工艺要求成形或预处理（除锈、搪锡）元器件。

1）目测各元器件引脚有无氧化和锈迹，必要时用锯片刮去锈迹并搪锡处理。

2）按印制电路板的丝印轮廓完成元器件的卧式或立式成形。

◆ 行业标准 ◆

以 IPC（国际电子工业联接协会）发布的 IPC-A-610E 《电子组件的可接受性》
为依据。

ESD 损伤的防护

- 静电释放（ESD），即 Electrostatic Discharge。

- 静电释放敏感元器件（ESDS），即 Electrostatic Discharge Sensitive components。

- 在静电保护区内的安全工作台（EPA），即 EOS/ESD safe workstations within
Electrostatic Protected Areas。

- ESD 警告标记如下：

表示该电子元器件或
组件对静电释放ESD
非常敏感易损。

ESD 静电敏感标识

表示此物品专用于提供
静电防护，以保护ESD
敏感元器件或组件。

ESD 静电防护标识

STEP3 在印制电路板上焊接元器件，组装音频功放电路。

1）工艺步骤合理、方法正确，焊点美观、可靠，无漏、假、虚焊。

2）元器件、导线安装及字标方向符合要求。

3）先安装低矮和耐热元器件，然后安装大元器件，最后安装不耐热元器件。

4）电容器的安装注意事项：装接电解电容器时，正、负极的位置不能接反；瓷片
电容器则不必区分引脚的正、负极性。

5）发光二极管的安装注意事项：发光二极管用于指示通电与否，因此安装时要注
意区分其正、负极和引脚弯折方向，注意安装后其发光端部可露出电池仓壳。

应 用 提 示

1）TDA2822M 是意法半导体（ST）集团开发的双通道单片音频功率放大集成
电路，它是 TDA2822 的宽电压版本，电源电压在 3～15V 时都可使用，而 TDA2822
的最高电源电压仅为 8V。

2）在便携式和桌面型功放电路中，TDA2822一般不需散热片就能正常工作，但在加装散热片之后会明显减小芯片温升，特别是在大音量输出时可使芯片工作更加稳定可靠。

实训2

STEP4 调整与测试功率放大器电路。

1）使用万用表分别测量音频功率放大器电路的开关断开和接通时其电源两极间的直流电阻。

操作时，不要给被测音频功率放大器电路供电，万用表选择欧姆挡的 $R \times 1k\Omega$ 挡，先用万用表红色和黑色表笔分别接在被测音频功率放大器电路电源正、负两端测量电阻值，然后将万用表红色和黑色表笔对调后再次测量电阻值，确保音频功率放大器电路没有出现电源短路和断路的情况。

2）将两只 $8.2\Omega/0.5W$ 电阻器分别焊接在左、右扬声器引线的焊盘上作为音频功放的负载，焊盘 L+、L- 是焊接左扬声器的焊盘，焊盘 R+、R- 是焊接右扬声器的焊盘。

3）用 DC 6V 直流稳压电源给音频功率放大器电路供电，用信号发生器分别从 LI 和 RI 输入表2-5中的正弦波信号，按要求调整音量电位器拨盘，再用示波器分别测量 L+ 和 R+ 端对 GND 输出波形的电压幅度 V_{OL} 和 V_{OR}，并将测量结果填入表2-5的对应位置。

音频功率放大器电路中的电源负极、输入信号的接地端、输出信号接地端 L- 和 R- 是通过电路板敷铜连接在一起的，所以测量时只要先把信号发生器的 GND 和示波器的 GND 连接在一起，再用一条线将其连接到音频功率放大器电路板的上述任一焊盘上就可完成输入信号、输出信号和电路板的共地。

4）保持音频功放电路直流稳压电源 DC 6V 供电不变，信号发生器产生 1000Hz 的正弦波信号，同时从 LI 和 RI 输入音频功放，将音量电位器拨盘旋至最大音量位置，将输入信号幅度调至最小，然后逐渐增大输入信号，直到音频功率放大器的双声道波形即将出现失真时，记录此时输出电压幅值 V_{om}，即为该频率下的最大不失真输出电压，根据公式

$$P_{omax} = \frac{V_{om}^2}{R_L}$$

可计算出音频功率放大器在该频率下的最大不失真功率 P_{omax}。

对双声道输出的音频功率放大器而言，其最大不失真功率应为左、右两声道最大不失真功率值之和。

表2-5　音频功率放大器电路测量

序号	输入信号	测量结果				小组评价
		音量电位器拨盘旋至居中位置		音量电位器拨盘旋至最大音量位置		
		V_{OL}	V_{OR}	V_{OL}	V_{OR}	
1	50Hz/20mV					
2	500Hz/20mV					

（续）

序号	输入信号	测量结果				小组评价
		音量电位器拨盘 旋至居中位置		音量电位器拨盘 旋至最大音量位置		
		V_{OL}	V_{OR}	V_{OL}	V_{OR}	
3	5kHz/20mV					
4	10kHz/20mV					
5	20kHz/20mV					
评价标准：能够正确测量相应位置数据，共计10分						总分：

知识积累

IPC 电子产品等级划分

1 级—通用类电子产品：

包括消费类电子产品、部分计算机及其外围设备，那些对外观要求不高而以其使用功能要求为主的产品。

2 级—专用服务类电子产品：

包括通信设备、复杂商业机器，以及高性能、长使用寿命的仪器。这类产品需要持久的使用寿命，即要求保持不间断工作，外观上允许有缺陷。

3 级—高性能电子产品：

包括持续运行或严格按指令运行的设备和产品。这类产品在使用中不能出现中断，例如，救生设备或飞行控制系统。符合该级别要求的组件产品适用于高保证要求、高服务要求，或者最终产品使用环境条件异常苛刻的场合。

STEP5 整机组装。

（1）焊接音频线

先分辨音频线的 GND 线，并将其焊接在电路板的 GND 上，其余两条线分别焊接在 RI 和 LI 端，双声道音频线的插头前端金属部分分为三层，靠近插头根部的一层连接的是 GND 线，其余两层分别连接左声道和右声道，用万用表的欧姆挡可以轻松地找出音频线的 GND 线。

（2）安装电池仓极片和电源线

先根据电池仓中一侧标注的电池极性把电池正片和电池负片插入电池仓端部的电池极片卡槽内，注意使电池极片的焊片从电池仓底部的小孔伸出；再按照电池正、负一一对应的原则依次安装三个电池级联片；最后焊接电源连接线，红色线作为正极电源线，一端焊接在电池仓底部伸出的电池正片焊片上，另一端焊接在音频功率放大器电路板的 BAT +，黑色线作为负极线，一端焊接在电池壳底部伸出的电池负片焊片上，另一端焊接在音频功率放大器电路板的 BAT −。

（3）连接扬声器

1）将两个扬声器焊接导线后分别放在左音响和右音响前壳内，可用电烙铁把音响前壳边缘加热变软后压倒以固定扬声器，然后盖好左音响和右音响后壳，并使扬声器的导线从前、后壳合围后形成的穿线孔引出，之后用自攻螺钉分别把左音响和右音响前、后壳固定。

2）将左、右音响的导线各取一根分别焊接在音频功率放大器电路板的 R + 和 L +，另外两根线则焊接到电路板的 L – 和 R –。

3）将音频功率放大器电路板放入电池仓底部的电路板位置上，注意使电路板上的直流电源座、音量调节旋钮、放置好拨动开关盖的拨动开关以及 LED 指示灯放入各自的孔位内，最后用自攻螺钉固定电路板。

4）用自攻螺钉把四个用于左、右音响定位的金属弹簧片固定在电池仓音频功率放大器电路板两侧的弹簧片位置上。

5）分别把左、右音响前、后壳组成的齿轮轴压入弹簧片内，然后盖好前壳，注意不要压住导线，并保证左、右音响可以自由转动，最后用自攻螺钉把电池仓和前壳固定起来。

6）安装电池或通过直流电源插座连接直流电源，试机。

STEP6 作业质量检查。

按照 IPC-A-610E《电子组件的可接受性》及工艺要求检查本任务作业质量，将检查结果填入表 2-6。

表 2-6　作业检查评分

序号	检查内容	评价标准	自查结果	小组评分
1	焊点质量	润湿性好，表面完整、连续平滑、焊料量适中；无脱焊、拉尖、桥接等不良焊点；焊点呈弯月形，润湿角度小于90°	每错一处扣1分 共扣　　分	
2	装配和装接顺序	工艺步骤合理，方法正确	每错一处扣1分 共扣　　分	
3	装配质量	各部件安装到位，无压线或出现壳外露线	每错一处扣1分 共扣　　分	
4	导线处理	剥皮搪锡长度合理、绝缘皮与电路板贴合、走线规整	每错一处扣1分 共扣　　分	
5	元器件连接	元器件、导线按照原理图及 PCB 连接	每错一处扣1分 共扣　　分	
6	元器件处理	元器件预处理和安装符合工艺要求	每错一处扣1分 共扣　　分	
7	生产事故	整机外壳无烫伤、划伤、裂缝、穿孔等因装配不当导致的整机报废	每错一处扣1分 共扣　　分	
共计10分			总分：	

STEP7 分析电路故障位置并排除电路故障。

根据表 2-7 所述的故障现象及可能原因，采取办法进行解决，完成表格中相应内容的填写。若有其他故障现象及分析请在表格下面补充。

表 2-7　故障汇总及反馈

故 障 现 象	可 能 原 因	解决方法	问题是否解决	小组评价
完全无声	电源开路、音频线开路、音量电位器漏焊		是 否	
输出音量偏低且不能调节	音量电位器接触不良		是 否	
只有一个声道有输出	芯片对应输出或输入引脚虚焊、扬声器引线开路		是 否	
评价标准：能够分析故障原因并排除故障，共计 10 分			总分：	

STEP8 收获与总结。

通过本实训任务，你又掌握了哪些技能？学会了哪些知识？在实训过程中你遇到了什么问题？你是怎么处理的？请填写在表 2-8 中。

表 2-8　收获与总结

序号	掌握的技能	学会的知识	出现的问题	处 理 方 法
1				
2				
3				
心得体会：				

◆ **创新方案** ◆

你有更好的思路和做法吗？请给大家分享一下吧。

1. 用阻值更大的音量电位器或其他专用元器件可以使音量调节更加平滑。

2. 本实训任务中的音频功放电路处理单声道音源时，总会有一半的电路处于闲置状态，TDA2822 专门提供了处理单声道音源的 BTL 桥接模式，可以使其处理单音源信号时的效率显著提高。

3.
_____

◆ **小技能做大事** ◆

功放电路板使用时间久了，它的拨盘式音量电位器的内部触头和滑片电阻可能会接触不良，调整音量时会出现"咔嚓"的噪声，可以用电子元器件清洁剂喷洗电位器内部初步缓解，也可以更换同型号电位器彻底解决。

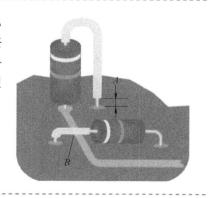

【实训任务评价】

根据表2-9所列评价内容和评分标准开展自我评价与小组评价，将评价结果填入表中。

表2-9 综合评价

序号	评价内容和评分标准		自我评价得分	小组评价得分
1	职业素养 （30分）	操作符合安全操作规程		
		工具摆放、着装等符合规范		
		保持工位整洁		
2	团队合作 （20分）	主动参与小组活动，积极配合小组成员工作，能完成自己的任务		
		能与他人共同交流和探讨，积极思考，能提出问题，能正确评价自己和他人		
3	整机装接 （40分）	元器件检测		
		装配工艺及焊接质量检查		
		电路测量与调试		
		故障排查		
4	创新能力 （10分）	能进行合理的创新		
	总　分			

教师评语：

【思考与提升】

1. 在本实训任务的实践操作中，我们是先完成电路测试再整机组装的，请问能不能把这两个步骤的顺序颠倒过来，为什么？

2. 就集成音频功放的增益而言，有可调增益和固定增益两类，你认为本实训任务中使用的TDA2822应该属于哪一类，为什么？

3. 在测量迷你音响的功放电路输出电压V_{OL}和V_{OR}时，我们使用定值电阻作为功放电路的负载，能换用扬声器作为负载吗，为什么？

【实训任务小结】

本实训任务所涉及的知识、方法、能力可用思维导图进行概括，如图2-7所示。

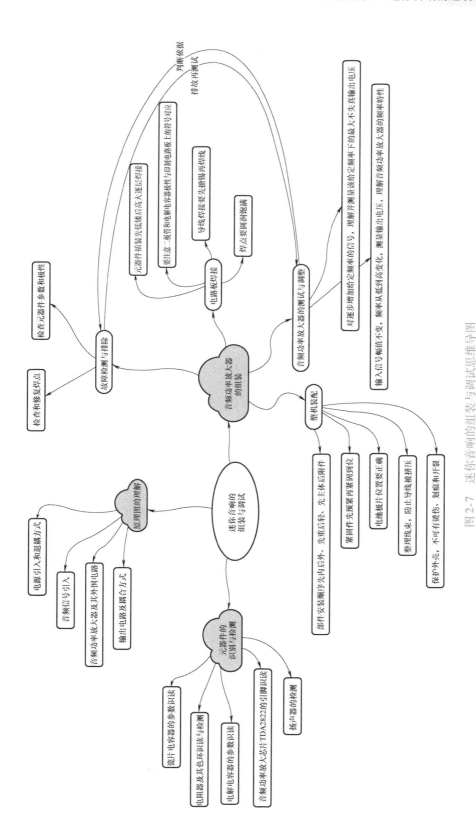

图 2-7 迷你音响的组装与调试思维导图

3

温度报警器的组装与调试

【实训任务引入】◈◈◈ ....

　　温度是十分重要的物理量，它的高低与我们的生产、生活及安全息息相关。现代社会是信息化社会，随着安全化程度的日益提高，机房作为现代化信息传递的枢纽，其安全工作已成为重中之重。机房内一旦发生故障，将导致整个信息系统瘫痪，造成巨大的经济损失和不良的社会影响。这时就需要温度报警系统发挥应有的功能，发出报警信号并进一步采取降温措施。某机房温度报警器如图 3-1 所示。

图 3-1　某机房温度报警器

【实训任务描述】◈◈◈ ....

　　本实训任务是根据掌握的集成运算放大器及 555 时基电路的知识，在印制电路板上焊接完成温度报警器电路并对电路重要部位的参数进行调试和测量，对电路出现的简单故障现象进行分析和排除。温度报警器电路实物如图 3-2 所示。

图 3-2　温度报警器电路实物

【实训任务目标】 ●

1. 能判断集成电路的引脚编号。
2. 理解温度报警器电路的工作原理。
3. 能够正确焊接制作电路。
4. 能够正确调试温度报警器的报警温度和报警效果。
5. 能根据调试出现的故障现象分析并排除故障。

【实训任务准备】 ●

 一、相关知识

1. 热敏电阻器

热敏电阻器的典型特点是对温度敏感，不同的温度下表现出不同的电阻值。按照温度系数不同分为正温度系数热敏电阻器（PTC）和负温度系数热敏电阻器（NTC）。正温度系数热敏电阻器（PTC）当温度越高时电阻值越大，负温度系数热敏电阻器（NTC）当温度越高时电阻值越小。它们是一种半导体器件，是根据半导体材料的热敏特性工作的。

标称阻值：一般指环境温度为 25℃ 时热敏电阻器的实际电阻值。

实际阻值：在一定的温度条件下所测得的电阻值。

2. 集成运算放大器

（1）组成

集成运算放大器主要由输入级、中间级、输出级、偏置电路四部分组成，各部分的作用如图 3-3 所示。

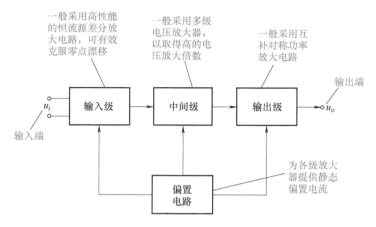

图 3-3　集成运算放大器内部结构

（2）符号及引脚功能

集成运算放大器的电路符号如图 3-4 所示。它是一个具有两个输入端、一个输出端的三端放大器。图中" + "端为同相输入端，表示输出电压 u_o 与该端输入电压 u_+ 同相；

"－"端为反相输入端，表示输出电压 u_o 与该端输入电压 u_- 反相。

μA741（单运放）是高增益运算放大器，应用于军事、工业和商业领域。它采用8脚双列直插塑料封装，引脚排列如图3-5所示。

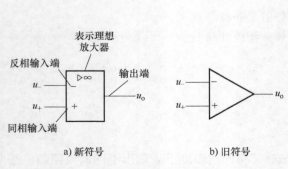

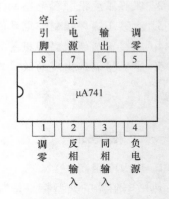

图3-4　集成运算放大器符号　　　　　　图3-5　μA741 引脚排列

μA741 的 2 脚是反相输入端，3 脚是同相输入端，6 脚是输出端，7 脚接正电源，4 脚接负电源（双电源工作时）或地（单电源工作时），1 脚和 5 脚是失调电压调零端，8 脚是空引脚，内部没有任何连接。

知识拓展

◆ 二、工艺文件和材料

1. 电路原理图

温度报警器电路原理图如图3-6所示。电路主要由测温电桥、集成运放比较电路、555 振荡报警电路三部分组成。电路中 RP_1、R_1、R_2、R_3 和 R_T 构成测温电桥。当环境温度升高时，R_T 的阻值减小，集成运算放大器 μA741 的反相输入端电位下降，当反相输入端电位低于同相输入端电位时，输出高电平，激发 NE555 及外围元件组成的多谐振荡器电路工作，产生驱动蜂鸣器工作的振荡电压，驱动蜂鸣器发声。

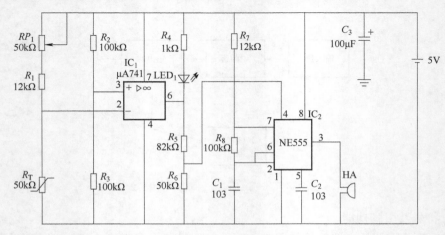

图3-6　温度报警器电路原理图

2. 温度报警器所需元器件及工具

温度报警器所需元器件及工具见表 3-1。

表 3-1　温度报警器元器件明细

序号	名　称	标　号	型　号	规　格	单位	数量
1	电阻器	R_1、R_7	RJ　1/4W	12kΩ	只	2
		R_2、R_3、R_8	RJ　1/4W	100kΩ	只	3
		R_4	RJ　1/4W	1kΩ	只	1
		R_5	RJ　1/4W	82kΩ	只	1
		R_6	RJ　1/4W	30kΩ	只	1
2	热敏电阻器	R_T	RJ　1/4W	50kΩ	只	1
3	电位器	RP_1	RJ　1/4W	51kΩ	个	1
4	电容器	C_1、C_2	瓷介电容器	103	只	2
		C_3	电解电容器	100μF/50V	只	1
5	发光二极管	LED_1	M5 LED 红色		只	1
6	集成运算放大器	IC_1	μA741		片	1
7	555 集成电路	IC_2	NE555		片	1
8	8P IC 插座				片	2
9	蜂鸣器（无源）	HA			个	1
10	XH2.54 端子	J_1			个	1
11	电烙铁		内热式 35W	15～25W	把	1
12	焊接材料			焊锡丝、导线、松香助焊剂等	套	1
13	印制电路板				块	1

◆ 三、实训计划和目标

根据实训任务描述制订本实训任务的实施计划和目标：

1）识别并检测元器件，保证元器件质量良好。

2）在印制电路板上组装温度报警器电路，如图 3-7 所示。

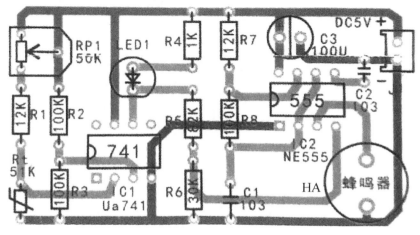

图 3-7　温度报警器安装电路（元件面）

3）根据电路原理图和安装图检查电路连接是否正确。

4）调试温度报警器的报警温度，测量集成运算放大器相关引脚的电位。

5）进行电路原理分析及故障排除。

【实训任务步骤】 ❖❖❖ ·

 进行工艺准备，根据材料清单识别并检测元器件，将检测结果填入表 3-2 中。

表 3-2　元器件检测结果

元器件	识别及检测内容					小组评价
	标号	色环标识	标称值	仪表及挡位	质量好坏	
电阻器	R_1					
	R_2					
	R_3					
	R_4					
	R_5					
	R_6					
	R_7					
	R_8					
热敏电阻器	标号	室温时电阻值	标称值	仪表及挡位	质量好坏	
	R_T					
电位器	标号	阻值调节范围	标称值	仪表及挡位	质量好坏	
	RP_1					
电容器	标号	耐压值	容量值	仪表及挡位	质量好坏	
	C_1					
	C_2					
	C_3					
发光二极管	标号	正向阻值	反向阻值	仪表及挡位	质量好坏	
	LED_1					
集成运算放大器	型号	封装形式	面对标注面，引脚向下，画出其外形示意图，标出引脚名称		质量好坏	
	μA741					
555 集成电路	型号	封装形式	面对标注面，引脚向下，画出其外形示意图，标出引脚名称		质量好坏	
	NE555					
评价标准：元器件识别与检测共计 10 分，每错误一处扣 1 分						总分：

STEP2 在印制电路板上组装温度报警器电路

1）工艺步骤合理、方法正确，焊点美观、可靠，无漏、假、虚焊。

2）元器件、导线安装及字标方向符合要求。

3）先安装低矮和耐热元器件，然后安装大元器件，最后安装怕热元器件。

4）发光二极管及电解电容器的正、负极不要接错。

◆◆ 行业标准 ◆◆

以 IPC（国际电子工业联接协会）发布的 IPC-A-610E 《电子组件的可接受性》为依据。

电子组件操作的一般原则：

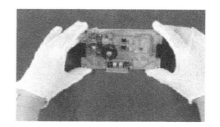

- 保持工作台干净整洁。
- 尽量减少手持作业。
- 佩戴干净的手套。
- 不用裸手触摸焊接区域。
- 不用含硅成分的护手霜或洗手液。
- 不要堆放电子组件。
- 遵循相关的 ESD（静电释放）防护制度。
- 即使未贴标志，永远假设它是 ESDS。
- 转运 ESDS 必须有良好的包装。

应 用 提 示

集成运算放大器的检测方法

1）测量引脚间电阻值：用指针式万用表的电阻挡检测各引脚间的电阻值，即可以判断集成运算放大器的好坏，还可以检查各集成运算放大器参数的一致性。测量时，选用"$R \times 1k$"挡，依次测出 IN+ 和 V+、V-，IN- 和 V+、V-，V+、V-，V+ 和 OUT，V- 和 OUT，IN+ 和 IN- 之间的电阻值。只要各对应引脚之间的电阻值基本相同，就说明参数的一致性较好。

2）测量电压法：用万用表的 50V 直流电压挡测量集成运算放大器输出端与电源负端之间的电压值，由于集成运算放大器处于截止状态，这时输出端的静态电压值较高。然后手持镊子依次触碰集成运算放大器的两个输入端（相当于加入干扰信号），如果万用表指针有较大幅度的摆动，说明该集成运算放大器正常，指针摆动幅度越大，说明被测集成运算放大器的增益越高，指针摆动幅度越小，说明其放大能力较差；如果万用表的指针不动，则说明该集成运算放大器已损坏。

STEP3 作业质量检查

按照 IPC-A-610E 《电子组件的可接受性》及工艺要求检查本任务作业质量，将检查结果填入表 3-3。

表 3-3　作业检查评分

序号	检查内容	评价标准	自查结果	小组评分
1	组装焊接工艺步骤	装接顺序合理、操作正确	每错一处扣1分 共扣　　分	
2	元器件布局/连接线	布局合理；元器件分布不妨碍其他紧固件进出；电路最小电气间隙不小于0.5mm；零件标识易读；连接线长度适当、绑扎可靠、无应力集中	每错一处扣1分 共扣　　分	
3	焊点质量	润湿性好，表面完整、连续平滑、焊料量适中；无脱焊、拉尖、桥接等不良焊点；焊点呈弯月形，润湿角度小于90°	每错一处扣1分 共扣　　分	
4	导线加工	导线长度、剥头长度适当；搪锡润湿度良好	每错一处扣1分 共扣　　分	
5	元器件连接	元器件连接符合原理图	每错一处扣1分 共扣　　分	
6	元器件引脚加工	元器件引脚成形符合工艺要求，安装及字标方向一致性好	每错一处扣1分 共扣　　分	
7	PCB板面	无明显助焊剂残留、焊渣、灰尘和颗粒物；电路板光洁、无污渍、无划痕	每错一处扣1分 共扣　　分	
共计10分			总分：	

实训3

STEP4 电路调试与测量

接通电路进行调试与测量。

1）接通 5V 电源，若电路此时不报警，调大电位器 RP_1 的电阻值，观察电路变化情况，分析电路预置报警温度的变化情况，填入表 3-4 中。

2）若接通 5V 电源后，电路已开始报警，调小电位器 RP_1 的电阻值，观察电路变化情况，分析电路预置报警温度的变化情况，填入表 3-4 中。

3）小组合作，汇总调试结果，总结电位器的大小变化对电路报警温度预置值大小的影响，将结论填入表 3-4 中。

表 3-4　电路调试结果记录

序号	电路调试与测量	电路变化情况	预置报警温度变化情况	小组评价
1	通电后电路不报警 调大电位器 RP_1 阻值			
2	通电后电路报警 调小电位器 RP_1 阻值			
3	调试结果汇总			
评价标准：能够正确观测电路变化情况，并得出正确结论，总计10分				总分：

4）调节电位器 RP_1 使电路不报警（即当前温度低于预置报警温度），用万用表的10V 直流电压挡分别测量 μA741 的 2 脚、3 脚、6 脚的电位，记录于表 3-5 中。

5）调节电位器 RP_1 使电路报警（即当前温度高于预置报警温度），用万用表的10V 直流电压挡分别测量 μA741 的 2 脚、3 脚、6 脚的电位，记录于表 3-5 中。

表 3-5　电路不同状态时 μA741 各引脚电位

序号	电路调试与测量	μA741 引脚电位/V			小组评价
1	电路不报警时	2 脚	3 脚	6 脚	
2	电路报警时	2 脚	3 脚	6 脚	
评价标准：能够正确测量相应位置数据，共计 10 分					总分：

STEP5 分析电路故障位置并排除电路故障

根据表 3-6 所述的故障现象及可能原因，采取办法进行解决，完成表格中相应内容的填写。若有其他故障现象及分析请在表格下面补充。

表 3-6　故障汇总及反馈

故障现象	可能原因	解决方法	问题是否解决	小组评价
预置报警温度不可调			是 否	
高于预置报警温度时不报警			是 否	
			是 否	
评价标准：能够分析故障原因并排除故障，共计 10 分			总分：	

知识积累

IPC-A-610E 验收条件

1. 目标条件

是指近乎完美或被称之为"优选"。当然这是一种希望达到但不一定总能达到的条件，对于保证组件在使用环境下的可靠运行也并不是非达到不可。

2. 可接受条件

是指组件不必完美但要在使用环境下保持其完整性和可靠性的特征。

3. 缺陷条件

是指在其使用环境下不能保持组件的外形、装配和功能的情况。这类情况应由制造商根据设计、服务和客户要求照章处理。照章处理可为返工、维修、报废或照样使用；其中，维修或照样使用可能需要客户的认可。

4. 制程警示条件

制程警示是指没有影响到产品的外形、装配和功能的（非缺陷）情况。由于材料、设计和/或操作人员/机械因素而造成的既不能完全满足可接受条件又不属于缺陷的情况。

STEP6 收获与总结

通过本实训任务，你又掌握了哪些技能？学会了哪些知识？在实训过程中你遇到了什么问题？你是怎么处理的？请填写在表 3-7 中。

表 3-7　收获与总结

序号	掌握的技能	学会的知识	出现的问题	处理方法
1				
2				
3				
心得体会：				

【实训任务评价】◆◆◆· ·

根据表 3-8 所列评价内容和评分标准开展自我评价与小组评价，将评价结果填入表中。

表 3-8　综合评价

序号	评价内容和评分标准		自我评价得分	小组评价得分
1	职业素养 （30 分）	操作符合安全操作规程		
		工具摆放、着装等符合规范		
		保持工位的整洁		
2	团队合作 （20 分）	主动参与小组活动，积极配合小组成员工作，能完成自己的任务		
		能与他人共同交流和探讨，积极思考，能提出问题，能正确评价自己和他人		
3	整机装接 （40 分）	元器件检测		
		电路工艺及焊接质量检查		
		调试与测量电路		
		故障排查		
4	创新能力 （10 分）	能进行合理的创新		
	总　分			
教师评语：				

【思考与提升】◆◆◆· ·

1. 温度低于预置报警温度时，LED_1 和蜂鸣器会产生什么现象？为什么？
2. 温度高于预置报警温度时，LED_1 和蜂鸣器会产生什么现象？为什么？
3. 如何改变预置报警温度？

【实训任务小结】◆◆◆· ·

本实训任务所涉及的知识、方法、能力可用思维导图进行概括，如图 3-8 所示。

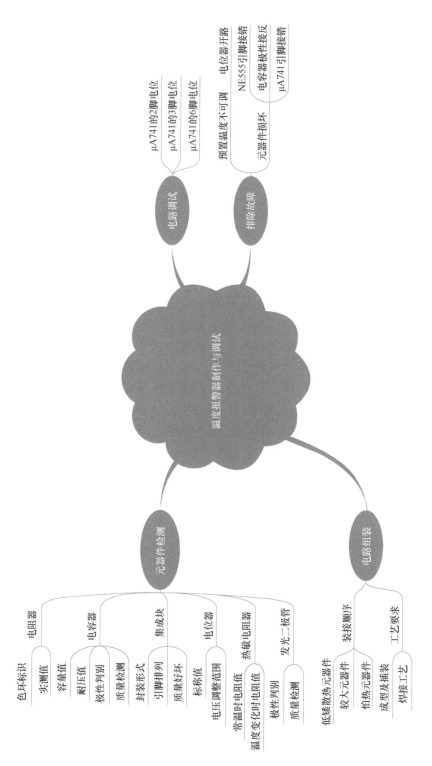

图 3-8　温度报警器组装与调试总思维导图

【实训任务引入】◆◆ •

　　正弦信号是一种应用极为广泛的信号，它通常作为标准信号用于电子电路的性能试验或参数测量，图4-1所示的低频信号发生器可以产生正弦信号。正弦信号用作标准信号时必须有较高的精度、稳定度及较低的失真率。

　　正弦信号发生器的核心是一个正弦波振荡电路，将 RC 串并联选频网络和集成运算放大器结合起来即可构成简单的 RC 振荡电路。

　　RC 桥式振荡电路如图4-2所示，RC 串并联选频网络接在集成运算放大器的输出端和同相输入端之间，构成正反馈，R_f、R_1 接在集成运算放大器的输出端和反相输入端之间，构成负反馈。正反馈电路和负反馈电路构成一文氏电桥电路，集成运算放大器的输入端和输出端分别跨接在电桥的对角线上，把这种振荡电路称为 RC 桥式振荡电路。

信号发生器

图 4-1　低频信号发生器实物

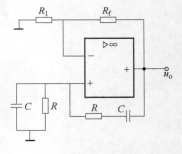

图 4-2　RC 桥式振荡电路

　　振荡信号由同相端输入，构成同相放大器，只要 $|A_u| = 1 + (R_f/R_1) > 3$，即 $R_f > 2R_1$，振荡电路就能满足自激振荡的振幅和相位起振条件，产生自激振荡，振荡频率 $f_0 = 1/(2\pi RC)$。

【实训任务描述】◆◆ •

　　本实训任务是根据掌握的 RC 桥式振荡电路原理知识，正确装接 RC 桥式低频正弦信号发生器电路，使用示波器对电路进行调试和测量，并能排除简单电路故障。

【实训任务目标】

1. 能识别常用集成运算放大器的引脚排列顺序并掌握主要引脚功能。
2. 掌握由集成运算放大器构成的典型 RC 桥式振荡电路的工作原理。
3. 能正确装接 RC 桥式低频正弦信号发生器电路。
4. 会使用示波器测试电路并正确记录测量结果。
5. 能排除简单电路故障。

【实训任务准备】

一、相关基本知识

1. 集成运算放大器

低频正弦信号发生器可以选用 μA741 单运算放大器、LM358 双运算放大器，μA741 集成运算放大器前面已经介绍过，此处不再赘述。

LM358 是双运算放大器，其引脚功能如图 4-3 所示，其内部包括两个独立的、高增益的、内部频率补偿的运算放大器，适用于电源电压范围很宽的单电源使用，也适用于双电源工作模式。在推荐的工作条件下，电源电流与电源电压无关。它的使用范围包括传感放大器、直流增益模块和其他所有可用单电源供电的场合。

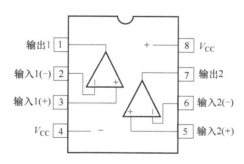

图 4-3　LM358 引脚功能

LM358 引脚功能：1 脚是输出端，2 脚是反相输入端，3 脚是同相输入端；4 脚接负电源（双电源工作时）或地（单电源工作时）；5 脚是同相输入端；6 脚是反相输入端；7 脚是输出端；8 脚接正电源。

2. RC 串并联选频网络

如图 4-4 所示，RC 串并联选频网络是由 R_2、C_2 并联后和 R_1、C_1 串联组成的，一般取 $R_1 = R_2 = R$，$C_1 = C_2 = C$，其选频特性如图 4-5 所示，输入电压 u_i 的幅度一定时，输入信号频率的变化会引起输出电压 u_o 幅度和相位的变化。

当输入信号频率等于选频频率 f_0 时，输出电压 u_o 幅度最高，为 $u_i/3$，且相位差为零。选频频率 f_0 取决于选频网络 R、C 元件的数值，计算公式为

$$f_0 = \frac{1}{2\pi RC}$$

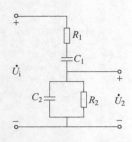

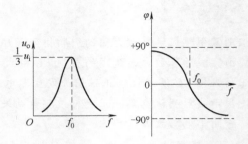

图 4-4　RC 串并联选频网络　　　　　图 4-5　RC 串并联网络的选频特性

3. 示波器

示波器是一种直接显示电压或电流变化的电子仪器，通过它可以直接观察被测电信号的变化规律和变化过程。

（1）示波器的操作步骤

1）开机。打开开关前将各旋钮和开关置于合适位置；

2）调节聚焦等旋钮；

3）校准；

4）测量（T、F 等）；

5）关机。

（2）示波器的使用注意事项

1）示波器使用前先预热。

2）调节"辉度"旋钮使亮度适中。

3）调节"聚焦"和"辅助聚焦"使光点最小，呈圆形。

4）调节"Y 位移"和"X 位移"使光点位于屏幕中间，不可使光点在一个位置停留太久。

5）调节"Y 衰减"，调节波形的幅度。

6）调节"扫描范围"改变完整波形的个数，调节"扫描微调"使波形稳定。

7）示波器要干燥通风放置，长期不用需要每月定期通电 2h。

二、工艺文件和材料

实训 4

1. RC 桥式振荡电路原理图及电路板

RC 桥式振荡电路原理图如图 4-6 所示；电路板如图 4-7 所示。

2. RC 桥式振荡电路原理

RC 桥式振荡电路由同相放大器和具有选频作用的 RC 串并联网络组成，其中，放大元器件采用集成运算放大器 LM358，它与 R_1、RP、R_2、R_3、VD_1、VD_2 组成同相放大器，VD_1、VD_2 起稳幅作用；电路中的 R 和 C 组成 RC 串并联选频网络，在电路中起正反馈作用。调节 RP 可以使电路起振并能改变正弦波幅度。

3. RC 桥式振荡电路所需元器件及工具

RC 桥式振荡电路所需元器件及工具见表 4-1。

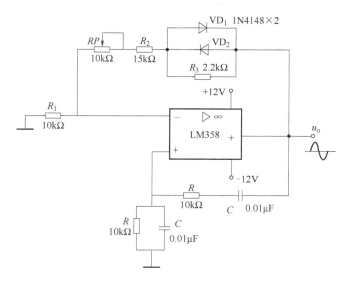

图 4-6　RC 桥式振荡电路原理图

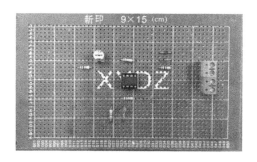

图 4-7　RC 桥式振荡电路板

表 4-1　RC 桥式振荡电路所需元器件及工具

序号	名　称	标　号	规　格	单　位	数　量
1	电阻器	R	10kΩ	只	2
		R_1	10kΩ	只	1
		R_2	15kΩ	只	1
		R_3	2.2kΩ	只	1
2	电位器	RP	10kΩ	只	1
3	电容器	C	0.01μF/50V	只	2
4	二极管	VD_1、VD_2	1N4148	只	2
5	集成运算 放大器（带座）	IC	LM358	片	1
6	电烙铁		15～25W	把	1
7	焊接材料		焊锡丝、导线、助焊剂等	套	1
8	印制电路板			块	1

三、实训计划和目标

根据实训任务描述制订本实训任务的实施计划和目标：

1）识别并检测元器件，保证元器件质量良好。

2）在印制电路板上组装 *RC* 桥式振荡电路。

3）检查电路连接是否正确。

4）调试与测量电路。

5）进行电路原理分析及故障排除。

【实训任务步骤】◆◆◆◆••••••••••••••••••••••••••••••••••••

 识别并检测元器件，将检测结果填入表 4-2 中

表 4-2 元器件检测结果汇总

元器件	识别及检测内容					小组评价
电阻器	标号	色环标识	标称值	仪表及挡位	质量好坏	
	R_1、R_2、R_3					
电位器	标号	阻值调节范围	标称值	仪表及挡位	质量好坏	
	RP					
电容器	标号	耐压值	容量值	仪表及挡位	质量好坏	
	C					
二极管	标号	正向阻值	反向阻值	仪表及挡位	质量好坏	
	VD1、VD2					
集成运算放大器	型号	封装形式	面对标注面，引脚向下，画出器件外形示意图，标出引脚名称	质量好坏		
	LM358					
评价标准：元器件识别与检测共计 10 分，每错误一处扣 1 分						总分：

 在印制电路板上组装 *RC* 桥式振荡电路

1）工艺步骤合理、方法正确，布局合理整齐，焊点美观、可靠，无漏、假、虚焊。

2）元器件、导线安装及字标方向符合要求。

3）先安装低矮和耐热元器件，然后安装体积较大元器件，最后安装怕热元器件。

4）二极管的极性不要接反，否则将导致严重后果。

5）电源接线端和测试端设置合理。

6）集成器件注意标识端。

行业标准

以 IPC（国际电子工业联接协会）发布的 IPC-A-610E 《电子组件的可接受性》为依据。

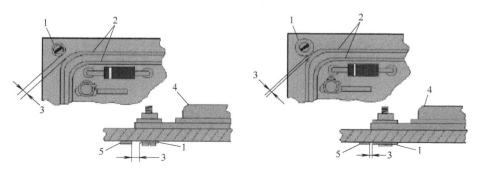

1—金属紧固件（Metallic hardware）；

2—导体（Conductive pattern）；

3—最小电气间隙（Specified minimum electrical clearance，MEC）见表 4-3；

4—被安装的元器件（Mounted component）；

5—导体（Conductor）。

表 4-3　最小电气间隙（MEC）

导体间的电压（DC 或 AC 峰值）/V	最小电气间隙（MEC）/mm						
	光板				组件		
	B1	B2	B3	B4	A5	A6	A7
0～15	0.05	0.1	0.1	0.05	0.13	0.13	0.13
16～30	0.05	0.1	0.1	0.05	0.13	0.25	0.13
31～50	0.1	0.6	0.6	0.13	0.13	0.4	0.13
51～100	0.1	0.6	1.5	0.13	0.13	0.5	0.13
101～150	0.2	0.6	3.2	0.4	0.4	0.8	0.4
151～170	0.2	1.25	3.2	0.4	0.4	0.8	0.4
171～250	0.2	1.25	6.4	0.4	0.4	0.8	0.4
251～300	0.2	1.25	12.5	0.4	0.4	0.8	0.8
301～500	0.25	2.5	12.5	0.8	0.8	1.5	0.8

注：B1 为内层导体；

　　B2 为表层导体，未涂覆，海拔至 3050m；

　　B3 为表层导体，未涂覆，海拔 3050m 以上；

　　B4 为表层导体，永久性聚合物涂覆（任意海拔）；

　　A5 为表层导体，永久性敷形涂覆组件（任意海拔）；

　　A6 为表层元器件脚/端，未涂覆；

　　A7 为表层元器件脚/端，永久性敷形涂覆组件（任意海拔）。

STEP3 作业质量检查

按照 IPC-A-610E《电子组件的可接受性》及工艺要求检查本次任务作业质量，将检查结果填入表 4-4。

表 4-4　作业检查评分

序号	检查内容	评价标准	自查结果	小组评分
1	组装焊接工艺步骤	装接顺序合理、操作正确	每错一处扣 1 分 共扣　　分	
2	元器件布局/连接线	布局合理；元器件分布不妨碍其他紧固件进出；电路电气间隙不小于 0.5mm；零件标识易读；连接线长度适当、绑扎可靠、无应力集中	每错一处扣 1 分 共扣　　分	
3	焊点质量	润湿性好，表面完整、连续平滑、焊料量适中；无脱焊、拉尖、桥接等不良焊点；焊点呈弯月形，润湿角度小于 90°	每错一处扣 1 分 共扣　　分	
4	导线加工	导线长度、剥头长度适当；搪锡润湿度良好	每错一处扣 1 分 共扣　　分	
5	元器件连接	元器件连接符合原理图	每错一处扣 1 分 共扣　　分	
6	元器件引脚加工	元器件引脚成形符合工艺要求，安装及字标方向一致性好	每错一处扣 1 分 共扣　　分	
7	PCB 板面	无明显助焊剂残留、焊渣、灰尘和颗粒物；电路板光洁、无污渍、无划痕	每错一处扣 1 分 共扣　　分	
共计 10 分			总分：	

STEP4 电路调试与测量

检查元器件安装无误后，输入端接通 ±12V 直流电源，进行调试与测量。

1) 调节 RP，使电路起振，用双踪示波器观察 LM358 1 脚的输出波形，如图 4-8 所示。

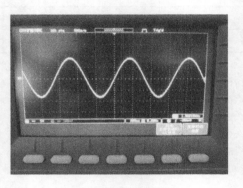

图 4-8　调试波形

2）调节 RP 时，观察输出波形的变化。

3）将测量的输出波形记录于表 4-5 中。

表 4-5　电路测量记录

LM358 的 1 脚输出波形：	周期	幅度
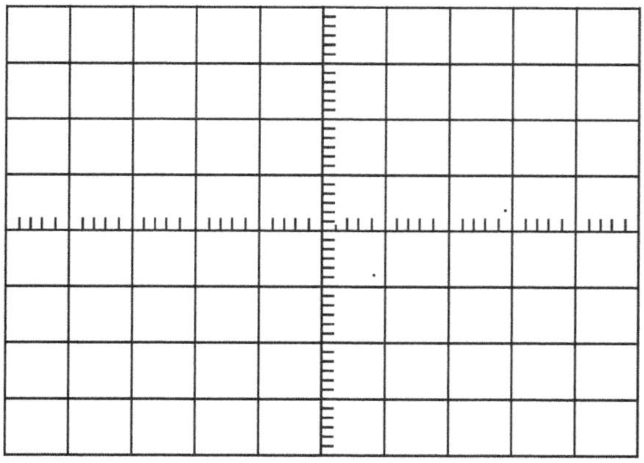	$T =$ 挡位：	$V_{P\text{-}P} =$ 挡位：

STEP5 分析电路故障位置、排除电路故障并记录

对照原理图和印制电路板图检查电路，参照表 4-6 分析故障原因，将排故过程填入表 4-6。若有其他故障现象及分析请在表格下面补充。

表 4-6　故障汇总及反馈

故障现象	可能原因	解决方法	问题是否解决	小组评价
电路不起振，无波形输出			是 否	
电路起振，但波形失真			是 否	
			是 否	
评价标准：能够分析故障原因并排除故障，共计 10 分				总分：

STEP6 收获与总结

通过本实训任务，你又掌握了哪些技能？学会了哪些知识？在实训过程中你遇到了什么问题？你是怎么处理的？请填写在表 4-7 中。

表 4-7　收获与总结

序号	掌握的技能	学会的知识	出现的问题	处理方法
1				
2				
3				
心得体会：				

创新方案

你有更好的思路和做法吗？请给大家分享一下吧。

1. 怎样在印制电路板上布局连线更不容易出错？

2. 合理改变元器件参数，改变输出波形频率和幅度。

3. 将电路稍加改进，还可以同时输出方波和三角波，大家可以自己尝试设计，互相分享。

◆◇ **小技能做大事** ◇◆

在没有双电源的情况下，可以用两个单电源改造成双电源，如图4-9所示。你学会了吗？

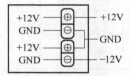

图4-9 单电源改造成双电源

【**实训任务评价**】 ❖❖❖•••••••••••••••••••••••••••••••••••

根据表4-8所列评价内容和评分标准开展自我评价与小组评价，将评价结果填入表中。

表4-8 综合评价

序号		评价内容和评分标准	自我评价得分	小组评价得分
1	职业素养 （30分）	操作符合安全操作规程		
		工具摆放、着装等符合规范		
		保持工位的整洁		
2	团队合作 （20分）	主动参与小组活动，积极配合小组成员工作，能完成自己的任务		
		能与他人共同交流和探讨，积极思考，能提出问题，能正确评价自己和他人		
3	整机装接 （40分）	元器件检测		
		电路工艺及焊接质量检查		
		调试与测量电路		
		故障排查		
4	创新能力 （10分）	能进行合理的创新		
		总　分		
教师评价：				

【思考与提升】

1. 怎样识别集成电路的引脚？
2. 通过网络自主学习，尝试设计正弦波、方波、三角波发生器。
3. 使用示波器时有哪些注意事项？

【实训任务小结】

本实训任务所涉及的知识、方法、能力可用思维导图进行概括，如图 4-10 所示。

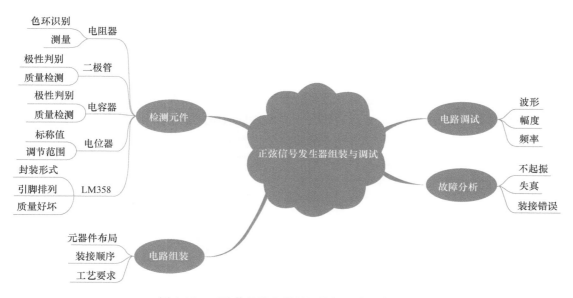

图 4-10　正弦信号发生器的组装与调试思维导图

实训任务 5

简易助听器的组装与调试

【实训任务引入】✦✦• •

　　电子助听器是一种电声设备，它能将外界的声音放大并调整以适应听力受损患者的听力补偿要求，是帮助听力受损患者改善听力困难的有效工具。助听器实质上是一个小型扩音器，它能将外界声音转变为相应的电信号，然后经放大器放大后送至耳机，耳机再将放大后的电信号还原为声音传入耳内。图 5-1 所示为常见电子助听器实物。

图 5-1　电子助听器

【实训任务描述】✦✦• •

　　本实训任务是根据简易助听器电路原理图和晶体管放大电路的有关知识，利用给出的电子元器件制作一款简易助听器，如图 5-2 所示。组装完成后对电子整机进行调试，使之达到最佳工作状态，记录测试过程中的相关参数。

图 5-2　电路实物

【实训任务目标】 •••••••••••••••••••••••••••••••

1. 会识别和检测晶体管、驻极体话筒及制作所需的各类元器件。
2. 能根据电路安装图组装简易助听器。
3. 会测试和调整各级放大电路的静态工作点。
4. 能根据电路原理图分析和排除故障。

【实训任务准备】 ••••••••••••••••••••••••••••••••

◆ 一、相关基本知识

1. 晶体管引脚的识别与检测

（1）从封装与外形识别引脚

塑料封装晶体管：带字符的平面朝向自己，三个引脚朝下放置，一般从左到右依次为发射极 E、基极 B、集电极 C，如图 5-3a 所示。

金属封装晶体管：金属帽底端有一个小凸起，距离这个凸起最近的是发射极 E，然后顺时针方向依次是基极 B、集电极 C，如图 5-3b 所示。没有凸起的，顺时针方向引脚仍然依次为发射极 E、基极 B、集电极 C，如图 5-3c 所示。

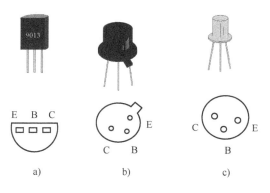

图 5-3 晶体管外形及引脚排列

（2）用万用表判定晶体管类型和引脚

1）判定晶体管类型和基极 B

将万用表置于 $R \times 100$ 或 $R \times 1k$ 挡，假定某一极为 B，用黑表笔接此极，红表笔分别接另外两极，若两次测得的电阻值都较小，则黑表笔所接引脚为基极 B 且晶体管为 NPN 型。

实训 5

将万用表置于 $R \times 100$ 或 $R \times 1k$ 挡，假定某一极为 B，用红表笔接此极，黑表笔分别接另外两极，若两次测得的电阻值都较小，则红表笔所接引脚为基极 B 且晶体管为 PNP 型。

2）判定晶体管发射极 E 与集电极 C

若已判明晶体管的基极和类型，任意设另外两极为 E、C 极。以 NPN（PNP）型管为例，将万用表黑（红）表笔接假设 C 端，红（黑）表笔接 E 端，用手指捏住基极 B 和假设的集电极 C（但两极不能相接触），观察万用表表针摆动幅度。再将假设的 C、E

两极互换，重复上面步骤，比较两次表针摆动幅度，若摆动幅度大，则黑（红）表笔所接的引脚是集电极 C，另一极是发射极 E。

2. 驻极体话筒的识别与检测

（1）驻极体话筒的外形与符号

驻极体话筒是一种电声转换器，它可以将声能转换成电能。驻极体是一种永久性极化的电介质，利用这种材料制成的电容式传声器俗称为驻极体话筒。图 5-4a 为驻极体话筒的外形，图 5-4b 为驻极体话筒的图形及文字符号。

a) 驻极体话筒外形　　　　　b) 驻极体话筒电路符号

图 5-4　驻极体话筒的外形与电路符号

（2）驻极体话筒的检测

1）判定驻极体话筒的极性：与外壳相连端为接地端，另一端为漏极 D 端，如图 5-5 所示。

图 5-5　驻极体话筒极性判定

2）质量检测：如图 5-6 所示，将万用表调至 $R \times 1k$ 挡，黑表笔接漏极 D，红表笔接接地端，并对着话筒吹气，观察万用表指针变化情况。若指针无变化，说明话筒损坏；若指针摆动，说明话筒工作正常，摆动幅度越大，说明话筒的灵敏度越高。

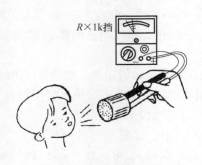

图 5-6　驻极体话筒的质量检测

3. 认识简易助听器电路及其工作过程

简易助听器电路原理图如图 5-7 所示。晶体管 VT_1、VT_2、VT_3、VT_4 组成四级音频放大电路，前三级是电压并联负反馈放大电路，起到稳定静态工作点的作用。驻极体话筒 MIC 为换能器，将声波信号转换为相应的电信号，经过音频放大电路进行多级放大，最后从耳机获得洪亮的声音。

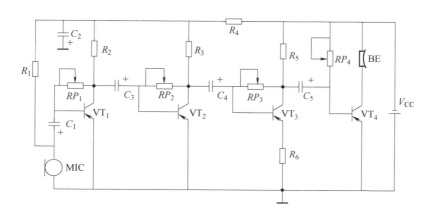

图 5-7 简易助听器电路原理图

二、工艺文件和材料

1. 识读印制电路

识读印制电路板上所用元器件符号、极性、种类、数量及分布情况。助听器印制电路图如图 5-8 所示。

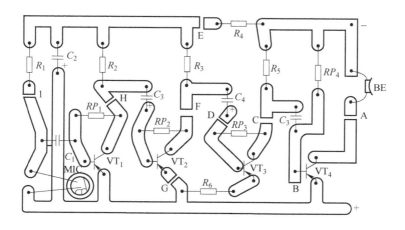

图 5-8 简易助听器印制电路图

2. 简易助听器所需元器件及工具清单

简易助听器所需元器件及工具清单见表 5-1。

表 5-1　简易助听器元器件及工具清单

序号	名　称	标　号	型号规格	单　位	数　量
1	电阻器	R_1	2.2kΩ	只	1
		R_2、R_3、R_5	1.5kΩ	只	3
		R_4	270Ω	只	1
		R_6	100kΩ	只	1
2	电位器	RP_1	51kΩ	个	1
		RP_2	47kΩ	个	1
		RP_3	33kΩ	个	1
		RP_4	39kΩ	个	1
3	电容器	C_1	电解电容1μF/16V	只	1
		C_2、C_3、C_4、C_5	电解电容100μF/16V	只	4
4	晶体管	VT_1、VT_2、VT_3、VT_4	9015	只	4
5	驻极体话筒	MIC		个	1
6	耳机	BE		个	1
7	焊接工具	25W电烙铁、尖嘴钳、偏口钳、焊锡丝、导线、松香若干		套	1
8	印制电路板			块	1

◆ 三、实训计划与目标

根据实训任务描述制订本实训任务的实施计划和目标：

1）清点、识别并检测元器件，保证元器件质量良好。

2）识读印制电路图并按工艺要求进行焊接。

3）调试、测量电路的静态工作点。

4）分析故障原因并排除故障。

【实训任务步骤】◆◆◆ •

STEP1 识别并检测元器件，将检测结果填入表5-2中

表 5-2　元器件检测结果

元器件	识别及检测内容					小组评价
	标号	色环标识	标称值	仪表及挡位	质量好坏	
电阻器	R_1					
	R_2					
	R_3					
	R_4					
	R_5					
	R_6					

（续）

元器件	识别及检测内容					小组评价
电位器	标号	阻值调节范围	标称值	仪表及挡位	质量好坏	
	RP_1					
	RP_2					
	RP_3					
	RP_4					
电解电容器	标号	耐压值	容量值	仪表及挡位	质量好坏	
	C_1					
	C_2					
	C_3					
	C_4					
	C_5					
晶体管	标号	型号	引脚排列	仪表及挡位	质量好坏	
	VT_1					
	VT_2					
	VT_3					
	VT_4					
驻极体话筒	MIC	正负极性		灵敏度		
评价标准：元器件识别与检测共计 10 分，每错一处减 1 分						总分：

STEP2 简易电子助听器组装

（1）元器件成形与插装

按照印制电路板插件位置正确插装各元器件，安装元器件时，应使它们的标记（用色码或字符标注的数值、精度等）朝上或朝着易于辨认的方向，并注意标记的读数方向一致（从左到右或从上到下），这样有利于检验人员直观检查。

1）元器件插装方式：电阻器用卧式插装方式，晶体管、电解电容器、电位器、驻极体话筒用立式插装方式。

2）元器件装接次序：电阻器（紧贴电路板）→小功率晶体管（距电路板 5~7mm）→驻极体话筒（紧贴电路板）→耳机插座（紧贴电路板）→电位器→电解电容器（紧贴电路板）→电源。

要求：先低后高、先易后难、先轻后重、先一般后特殊、同一元器件高度相同。

3）注意事项：电解电容器、驻极体话筒、电源等有极性的元器件，装接时不要接错极性。

（2）焊接

先焊接无极性阻容元器件，电阻器卧装，其他元器件立装且紧贴电路板；焊接有极性的元器件时不要将极性装反，否则电路不能正常工作甚至会烧坏元器件。

STEP3 作业质量检查

按照 IPC-A-610E《电子组件的可接受性》及工艺要求检查本次任务作业质量，将检查结果填入表5-3。

表5-3 作业检查评分

序号	检查内容	评价标准	自查结果	小组评分
1	元器件识别	正确识别元器件名称、型号、标称值	每错一处扣1分 共扣　　分	
2	元器件组装	元器件引脚加工尺寸成形符合工艺要求；元器件极性及字标方向符合要求；位置安装正确，无错装、漏装	每错一处扣1分 共扣　　分	
3	焊接质量	润湿性好，表面完整、连续平滑，焊料量适中；无脱焊、拉尖、桥接等不良焊点；焊点呈弯月形，润湿角度小于90°	每错一处扣1分 共扣　　分	
4	导线加工	导线长度、剥头长度适当、焊接牢固	每错一处扣1分 共扣　　分	
5	印制电路板	无明显助焊剂残留、焊渣、灰尘和颗粒物；印制电路板光洁、无污渍、无划痕	每错一处扣1分 共扣　　分	
6	现场管理	实训过程中图纸、工具、材料摆放有序；废料、焊渣妥善收存；实训结束后恢复现场	每错一处扣1分 共扣　　分	
共计10分			总分：	

STEP4 电路调试

1）检查各元器件安装焊接无误后，将图5-8所示断口 D、E、G、I 用跳线帽连接好，然后接通1.5V电源。

2）用电流表分别在 A、C、F、H 点断口处测量晶体管 VT_4、VT_3、VT_2、VT_1 的集电极电流，依次调整电位器 RP_4、RP_3、RP_2、RP_1 的阻值，使晶体管的集电极电流分别为 5mA、0.5mA、0.45mA、0.4mA，要按由后向前的顺序调整。每调好一级后，用跳线帽把断口连接好，并将测量结果记录在表5-4中。

3）调试完毕后，对着驻极体话筒喊话，耳机中应该能听到清晰、响亮的声音。

表 5-4　电路测量记录

参 考 数 据	测 试 结 果
VT_4 集电极电流为 5mA 时	$RP_4 =$
VT_3 集电极电流为 0.5mA 时	$RP_3 =$
VT_2 集电极电流为 0.45mA 时	$RP_2 =$
VT_1 集电极电流为 0.4mA 时	$RP_1 =$
整机电流	

知识积累

1）多级放大电路采用阻容耦合，由于电容器对直流量的电抗为无穷大，因而阻容耦合放大电路各级之间的直流通路互不影响，各级的静态工作点相互独立。而且只要输入信号频率较高，耦合电容器容量较大，前级的输出信号就可以几乎没有衰减地传递到后级的输入端，但只是在一定频率范围内具有这样的放大能力，对于低频和高频的放大能力较弱。

2）电路中采用了电压并联负反馈，虽然降低了电压放大倍数，但稳定了输出电压，减小了输入与输出电阻。

STEP5 分析、排除电路故障，填入表 5-5

表 5-5　故障汇总及反馈

故 障 现 象	可 能 原 因	解决方法	问题是否解决	小组评价
声音小，有噪声			是 否	
没有声音			是 否	
评价标准：能够分析故障原因并排除故障，共计 10 分				总分：

STEP6 收获与总结

通过本实训任务，你又掌握了哪些技能，学会了哪些知识？在实训过程中你遇到了什么问题？你是怎么处理的？请填写在表 5-6 中。

表 5-6　收获与总结

序号	掌握的技能	学会的知识	出现的问题	处 理 方 法
1				
2				
3				
心得体会：				

小技能做大事

　　在电路测试中需要测量支路电流时，我们可以利用排针在测量支路预留测试断点，利用跳线帽控制电路的通断。

【实训任务评价】◆◆◆ •

　　根据表5-7所列评价内容和评分标准开展自我评价与小组评价，将评价结果填入表中。

表5-7　综合评价

序号	评价内容和评分标准		自我评价得分	小组评价得分
1	职业素养 （30分）	操作符合安全操作规程		
		工具摆放、着装等符合规范		
		保持工位的整洁		
2	团队合作 （20分）	主动参与小组活动，积极配合小组成员工作，能完成自己的任务		
		能与他人共同交流和探讨，积极思考，能提出问题，能正确评价自己和他人		
3	整机装接 （40分）	元器件检测		
		电路工艺及焊接质量检查		
		调试与测量电路		
		故障排查		
4	创新能力 （10分）	能进行合理的创新		
	总　分			

教师评语：

【思考与提升】◆◆◆ •

　　1. 驻极体话筒有极性吗？连接时应当注意什么问题？

　　2. 采用直接耦合方式，每级放大器的工作点会逐渐提高，最终导致电路无法正常工作，如何从电路结构上解决这个问题？

　　3. 在晶体管电压放大电路中，偏置电阻选择不合适对电路有什么影响？

【实训任务小结】◆◆◆ •

　　本实训任务所涉及的知识、方法、能力可用思维导图进行概括，如图5-9所示。

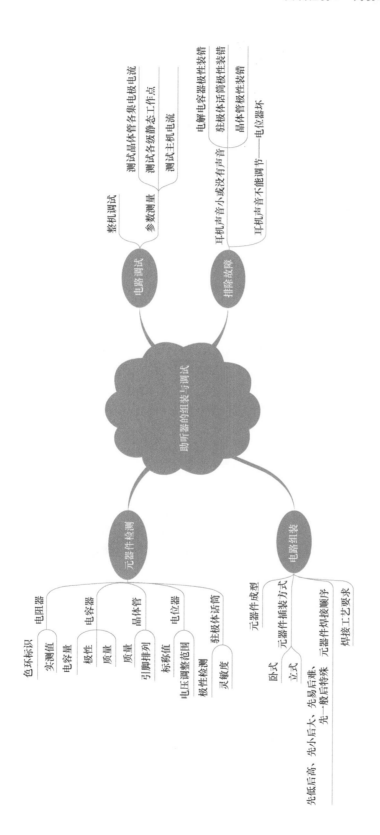

图5-9 简易助听器的组装与调试思维导图

实训任务 **6** 调光台灯电路的组装与调试

【实训任务引入】 ◆◆◆ ·

　　古时候，人们用煤油、蜡烛照明，现代社会人们用各种各样的灯具照明，每种灯具都有自己的特色功能和优缺点。随着电子技术的发展，可以调节光亮度的调光台灯逐渐走进了千家万户。

　　晶闸管又称为可控硅（SCR），它具有体积小、重量轻、效率高、寿命长等优点。它的工作过程可以控制，能以小功率信号去控制大功率系统，属于用途十分广泛的可控功率器件。

　　调光台灯是利用调节晶闸管导通角的方法，调整加在白炽灯两端的电压，从而使白炽灯工作在不同的亮度状态，以适应周围环境的变化，起到保护视力的作用。图 6-1 所示为生活中常见的调光台灯。

图 6-1　调光台灯

【实训任务描述】 ◆◆◆ ·

　　本实训任务是根据掌握的单结晶体管振荡电路及单向晶闸管可控调压电路原理知识，在印制电路板上焊接完成调光台灯电路并对电路效果进行调试，对电路出现的简单故障进行分析和排除。图 6-2 所示为调光台灯电路实物。

图 6-2　调光台灯电路实物

【实训任务目标】 •

1. 会用万用表检测单向晶闸管和单结晶体管。
2. 能正确组装和调试调光台灯电路。
3. 能根据简单故障现象分析和排除电路故障。
4. 掌握交流供电情况下的安全操作规程。

【实训任务准备】 •

◆ 一、相关基本知识

1. 单向晶闸管

（1）工作特性

1）单向晶闸管的导通条件：晶闸管的阳极 a 和阴极 k 之间必须加正向电压，并且在门极 g 和阴极 k 之间也应加正向触发电压。晶闸管一旦导通，门极将失去作用，去掉门极电压，晶闸管依然导通。

实训 6-1

2）单向晶闸管的关断方法：一是使其导通电流小于晶闸管的维持电流，二是在阳极 a 和阴极 k 之间加反向电压。

（2）检测方法

1）电极的判别方法。将万用表置于 $R \times 1k$ 或 $R \times 100$ 挡，分别测量各引脚间的正、反向电阻。若测得两引脚间电阻值比较大，可对调两表笔重新测量，如果万用表指示低阻值，则表明此时黑表笔所接引脚为门极 g，红表笔所接引脚为阴极 k，余下的一个引脚为阳极 a。若正、反向阻值都很大，则需更换引脚位置重新测量，直至出现上述情况。

2）质量好坏的检测。将万用表置于 $R \times 10$ 或 $R \times 100$ 挡，黑表笔接阳极 a，红表笔接阴极 k，指针应接近∞。黑表笔在不断开阳极的同时接触门极，万用表指针向右偏转，表明晶闸管可以触发导通。撤去控制信号，断开黑表笔与门极的接触，万用表仍保持在原来的低阻值上，说明晶闸管能维持导通，性能良好。

2. 单结晶体管

（1）外形和符号

单结晶体管外形如图 6-3a 所示，电路图形符号如图 6-3b 所示。

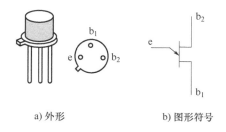

a) 外形　　　　　　　　b) 图形符号

图 6-3　单结晶体管的外形与电路图形符号

（2）单结晶体管振荡电路

单结晶体管振荡电路如图 6-4 所示。电路接通时，电容器充电，在电容器 C 上形成锯齿波电压。当电容器两端电压升高到一定值时，通过单结晶体管放电，产生周期性振荡。放电电流在电阻器 R_1 上形成尖脉冲电压，此尖脉冲电压可以作为晶闸管的触发信号。调节电位器 RP 阻值大小，可以调整电容器充电的快慢，从而改变输出脉冲的频率。

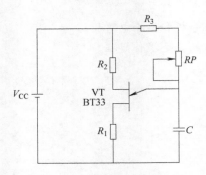

图 6-4　单结晶体管振荡电路

二、工艺文件和材料

1. 电路原理图

调光台灯电路原理图如图 6-5 所示。

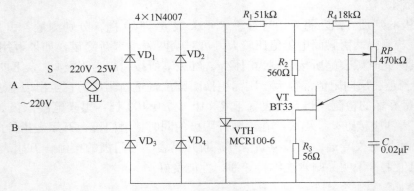

图 6-5　调光台灯电路原理图

工作原理

2. 元器件及工具清单

调光台灯电路元器件及工具清单见表 6-1。

表 6-1　调光台灯电路元器件及工具清单

序号	名　称	标　号	型　号	规　格	单位	数量
1	二极管	$VD_1 \sim VD_4$	1N4007	1A，400V	只	4
2	电位器	RP	RJ　1/4W	470kΩ	个	1
3	电阻器	R_1	RJ　1/4W	51kΩ	只	1
		R_2	RJ　1/4W	560Ω	只	1
		R_3	RJ　1/4W	56Ω	只	1
		R_4	RJ　1/4W	18kΩ	只	1
4	单向晶闸管	VTH	MCR100-6		只	1

实训 6-2

（续）

序号	名　称	标　号	型　号	规　格	单位	数量
5	单结晶体管	VT	BT33		只	1
6	电容器	C	涤纶电容器	223J	只	1
7	灯泡（配灯座）	HL		220V 25W	个	1
8	单相交流电源			220V	台	1
9	电源线、导线					若干
10	电烙铁		内热式25W	15~25W	把	1
11	焊接材料			焊锡丝、导线、松香助焊剂等	套	1
12	印制电路板		单面敷铜	10cm×8cm	块	1

◆ 三、实训计划和目标

根据实训任务描述制订本实训任务的实施计划和目标：

1）识别并检测元器件，保证元器件质量良好。

2）在印制电路板上组装调光台灯电路。

3）对照电路原理图检查电路连接是否正确。

4）调试与测量电路。

5）进行电路原理分析及故障排除。

【实训任务步骤】◆◆◆·······························

STEP1 根据表6-1材料清单识读和检测元器件，将检测结果填入表6-2中

表6-2　元器件检测结果

元器件	识别及检测内容					小组评价
	标号	色环标识	标称阻值	仪表及挡位	质量好坏	
电阻器	R_1					
	R_2					
	R_3					
	R_4					
电位器	标号	阻值调节范围	顺时针调节电位器，观察阻值变化情况	仪表及挡位	质量好坏	
	RP					
二极管	标号	正向阻值	反向阻值	仪表及挡位	质量好坏	
	$VD_1 \sim VD_4$					
单向晶闸管	标号	型号	面对标注面，引脚向下，画出外形示意图，标出引脚名称	仪表及挡位	质量好坏	
	VTH					

（续）

元器件		识别及检测内容				小组评价
单结晶体管	标号	型号	外壳凸起朝左，引脚向下，画出外形示意图，标出引脚名称	仪表及挡位	质量好坏	
	VT					
评价标准：元器件识别与检测共计10分，每错误一处扣1分						总分：

STEP2 在印制电路板上组装调光台灯电路

1）工艺步骤合理、方法正确，焊点美观、可靠，无漏、假、虚焊。

2）元器件、导线安装及字标方向符合要求。

3）先安装低矮和耐热元器件，然后安装大元器件，最后安装怕热元器件。

4）安装二极管时注意极性不要接反。

5）安装单向晶闸管时注意区分三个引脚，安装单结晶体管时注意外壳凸起标志的位置。

行业标准

以IPC（国际电子工业联接协会）发布的IPC-A-610E《电子组件的可接受性》为依据。

导线的加工工艺：

• 下料　用斜口钳或下线机等工具对所需导线进行剪切。下料时，应做到长度准、切口整齐、不损伤导线及绝缘皮（漆）。

• 剥头　剥头长度一般为10～12mm。剥头时，应做到绝缘层剥除整齐，芯线无损伤、断股等。

• 捻头　用镊子或捻头机把松散的芯线绞合整齐。捻头时，应松紧适度（其螺旋角一般在30°～40°），不卷曲，不断股。

• 浸锡　浸锡时，应把剥头先浸助焊剂，再浸锡。浸锡时间不宜过长，一般1～3s为宜，以防止导线绝缘层受热而损坏。

应用提示

1）若晶闸管所带的负载是感性负载，可在感性负载两端并联续流二极管，及时释放电感负载上的感应电动势，保证电压过零时，晶闸管能自动关断。

2）由于晶闸管的热容量很小，导通时电流产生的热效应会使其温度很快上升，因此，晶闸管承受过电压、过电流的能力差。为了保证晶闸管安全可靠的工作，必须采取适当的过电流、过电压保护措施。

STEP3 作业质量检查

按照IPC-A-610E《电子组件的可接受性》及元器件引脚加工成形工艺要求检查本

次任务作业质量，将检查结果填入表 6-3。

表 6-3　作业检查评分

序号	检查内容	评价标准	自查结果	小组评分
1	组装焊接工艺步骤	装接顺序合理、操作正确	每错一处扣 1 分 共扣　　分	
2	元器件布局/连接线	布局合理；元器件分布不妨碍其他紧固件进出；电路最小电气间隙不小于 0.5mm；零件标识易读；连接线长度适当、绑扎可靠、无应力集中	每错一处扣 1 分 共扣　　分	
3	焊点质量	润湿性好，表面完整、连续平滑、焊料量适中；无脱焊、拉尖、桥接等不良焊点；焊点呈弯月形，润湿角度小于 90°	每错一处扣 1 分 共扣　　分	
4	导线加工	导线长度、剥头长度适当；搪锡润湿度良好	每错一处扣 1 分 共扣　　分	
5	元器件连接	元器件连接符合原理图	每错一处扣 1 分 共扣　　分	
6	元器件引脚加工	元器件引脚成形符合工艺要求，安装及字标方向一致性好	每错一处扣 1 分 共扣　　分	
7	PCB 板面	无明显助焊剂残留、焊渣、灰尘和颗粒物；电路板光洁、无污渍、无划痕	每错一处扣 1 分 共扣　　分	
共计 10 分			总分：	

STEP4 电路调试与测量

1）确认电路装接无误后安装 25W 的白炽灯灯泡，在输入端 A、B 接入 220V 交流电源。

2）操作过程中不可用手直接触碰电路任何部位，闭合开关 S，旋转电位器 RP（套上绝缘调节钮），观察灯泡亮度是否可调。

3）旋转电位器（套上绝缘调节钮），逐渐调大电位器电阻值，观察灯泡的明暗变化情况，并将测量结果记录于表 6-4 中。

4）旋转电位器（套上绝缘调节钮），逐渐调小电位器电阻值，观察灯泡的明暗变化情况，并将测量结果记录于表 6-4 中。

表 6-4　电路测量记录

序号	电路调试与测量	测量结果	小组评价
1	灯泡亮度是否可调		
2	调大电位器电阻值，灯泡明暗变化情况		
3	调小电位器电阻值，灯泡明暗变化情况		
评价标准：能够正确观测电路变化情况，共计 10 分		总分：	

知识积累

1）单向晶闸管在正向电压作用下，改变门极触发信号的触发时间，即可控制晶闸管导通的时间，利用这种特性可以把交流电变成大小可调的直流电。

2）特殊晶闸管主要有以下三类：①可关断晶闸管，主要用于高压直流开关、高压脉冲发生器、过电流保护电路等装置上。②快速晶闸管，其导通、关断时间都缩短到几微秒，广泛应用于中频逆变器和直流斩波器中。③光控晶闸管，它是利用光信号触发导通的晶闸管，主要用于光控电子开关、自动化生产监控等设备中。

STEP5 分析电路故障位置并排除电路故障

根据表6-5所述的故障现象及可能原因，采取办法进行解决，完成表格中相应内容的填写。若有其他故障现象及分析请在表格下面补充。

表6-5　故障汇总及反馈

故　障　现　象	可　能　原　因	解决方法	问题是否解决	小组评价
白炽灯不亮	灯丝断		是	
	主电路断路		否	
白炽灯亮度不可调节	电位器 RP 接触不良		是	
	电容器 C 容量变小		否	
评价标准：能够排查故障原因并排除故障，共计10分				总分：

STEP6 收获与总结

通过本实训任务，你又掌握了哪些技能？学会了哪些知识？在实训过程中你遇到了什么问题？你是怎么处理的？请填写在表6-6中。

表6-6　收获与总结

序号	掌握的技能	学会的知识	出现的问题	处　理　方　法
1				
2				
3				
心得体会：				

创新方案

你有更好的思路和做法吗？请给大家分享一下吧。

1. 电路装接时按照先低后高的顺序，装接效果更好。

2. 合理改变元器件参数，使调节范围变大。

3. 不用单结晶体管也能制作调光台灯电路。

4. 　　　　　　　　　　　　　　　　　　　。

小技能做大事

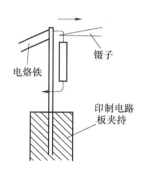

镊子

电烙铁

印制电路
板夹持

　　拆焊时，将印制电路板竖起来夹住，一边用电烙铁加热待拆元器件的焊点，一边用镊子或尖嘴钳夹住元器件引线轻轻拉出即可，你学会了吗？

【实训任务评价】

　　根据表 6-7 所列评价内容和评分标准开展自我评价与小组评价，将评价结果填入表中。

表 6-7　综合评价

序号	评价内容和评分标准		自我评价得分	小组评价得分
1	职业素养 （30分）	操作符合安全操作规程		
		工具摆放、着装等符合规范		
		保持工位的整洁		
2	团队合作 （20分）	主动参与小组活动，积极配合小组成员工作，能完成自己的任务		
		能与他人共同交流和探讨，积极思考，能提出问题，能正确评价自己和他人		
3	整机装接 （40分）	元器件检测		
		电路工艺及焊接质量检查		
		调试与测量电路		
		故障排查		
4	创新能力 （10分）	能进行合理的创新		
	总　分			
教师评语：				

【思考提升】

　　1. 单向晶闸管与普通二极管在导电性方面有什么区别？

　　2. 单结晶体管在振荡电路中的作用是什么？

3. 如何判断单向晶闸管的引脚和质量优劣？

4. 说明晶闸管在调光台灯电路中的工作原理。

知识拓展

【实训任务小结】 ◆◆◆◆・・・・・・・・・・・・・・・・・・・・・・

　　本次实训任务所涉及的知识、方法、能力可用思维导图进行概括，如图 6-6 所示。

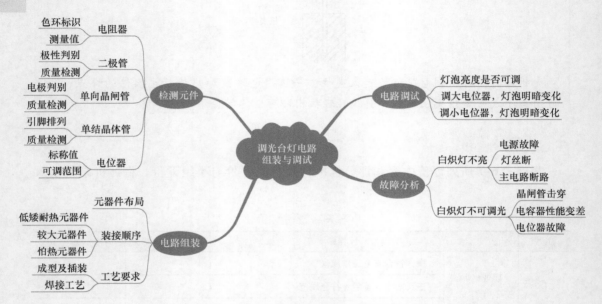

图 6-6　调光台灯电路的组装与调试思维导图

实训任务 7

三人表决器的组装与调试

【实训任务引入】

在实际应用中，表决器（图7-1）是一种表决装置。表决时，在场的有关人员只要按下各自表决器上"赞成""反对""弃权"的某一按钮，屏幕上即显示出表决结果。目前，表决器已广泛应用于会议选举和各类综艺娱乐节目中。多数表决器是一种对信号的处理设备，它的电路属于组合逻辑电路的一种，也就是对多个输入变量的状态进行逻辑运算并按一定规律输出结果的过程，其任意时刻的输出状态仅仅取决于该时刻的输入状态，与电路原来的状态无关。

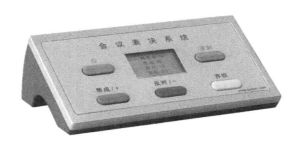

图7-1　表决器实物

假设在举重比赛中有三位裁判，杠铃完全举上的裁决由每一位裁判按一下自己前面的按钮来确定。只有当两个或两个以上的裁判判决成功时，表示成功的灯才亮；只有一个或者没有裁判判决成功时，表示成功的灯不亮。遵循少数服从多数的原则。本实训任务将制作一个简易的表决器实现举重裁判的功能。

【实训任务描述】

本实训任务是根据给出的三人表决器电路原理图和已经掌握的组合逻辑电路知识，在万能板上完成一个简易三人表决器电路的组装与焊接，完成的成品电路如图7-2所示，制作完成后接通合适的直流电源，结合三人表决器的真值表对三人表决器电路的逻辑功能进行测试和分析。

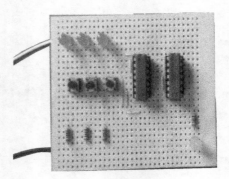

图 7-2　电路实物

【实训任务目标】❖❖❖ • •

1. 会识别数字集成电路的引脚排列。

2. 会根据集成电路手册查阅 74LS00 和 74LS10 的引脚功能。

3. 能识读简单的组合逻辑电路。

4. 能完成三人表决器的组装与逻辑功能测试。

【实训任务准备】❖❖❖ • •

◆ 一、相关基本知识

1. TTL 集成门电路

以晶体管为主要元器件构成的门电路，输入端和输出端都是晶体管结构，这种电路称为晶体管-晶体管逻辑电路，简称 TTL（Transistor-Transistor-Logic）电路。TTL 电路是数字集成电路的一大门类，它采用双极型工艺制造，具有高速、低功耗和品种多等特点。

（1）TTL 集成门电路型号

现行国家标准规定，TTL 集成门电路的型号由五部分构成，现以 CT74LS04CP 为例来说明集成门电路型号的意义。

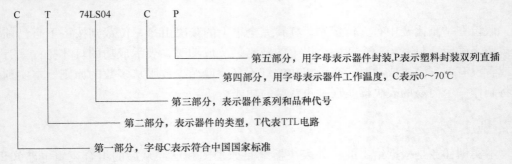

（2）引脚识读

TTL 集成门电路通常是双列直插式封装。根据功能不同，有 8～24 个引脚，引脚编号判读方法是把凹槽标志置于左方，引脚向下，按逆时针方向自下而上的顺序排列，如图 7-3 所示。

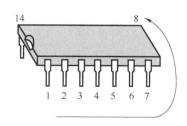

图 7-3　TTL 集成门电路引脚编号识读

（3）74LS00 和 74LS10 的引脚功能

74LS00 为四个 2 输入与非门集成电路，其引脚排列如图 7-4 所示，其引脚功能见表 7-1。

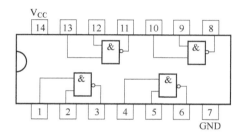

图 7-4　74LS00 引脚排列

表 7-1　74LS00 引脚功能

引脚	引脚功能	引脚	引脚功能
1	输入端 $1A$	8	输出端 $3Y$
2	输入端 $1B$	9	输入端 $3A$
3	输出端 $1Y$	10	输入端 $3B$
4	输入端 $2A$	11	输出端 $4Y$
5	输入端 $2B$	12	输入端 $4A$
6	输出端 $2Y$	13	输入端 $4B$
7	接地端	14	接电源 V_{CC}

74LS10 为三个 3 输入与非门集成电路，其引脚排列如图 7-5 所示，其引脚功能见表 7-2。

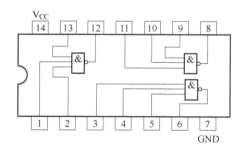

图 7-5　74LS10 引脚排列

表 7-2　74LS10 引脚功能

引脚	引脚功能	引脚	引脚功能
1	输入端 $1A$	8	输出端 $3Y$
2	输入端 $1B$	9	输入端 $3A$
3	输入端 $2A$	10	输入端 $3B$
4	输入端 $2B$	11	输入端 $3C$
5	输入端 $2C$	12	输出端 $1Y$
6	输出端 $2Y$	13	输入端 $1C$
7	接地端	14	接电源 V_{CC}

2. 三人表决器的真值表

三人表决器实现了投票选举过程中少数服从多数的原则。假设在举重比赛过程中有三个裁判，裁判分别为 A、B、C，评选结果用 Y 表示，当有两个或两个以上的裁判判决举重成功，选手方可胜出，否则选手将会被淘汰。假设裁判判决成功为"1"，裁判判决失败为"0"，选手胜利通过为"1"，选手失败被淘汰为"0"，三人表决器的真值表见表 7-3。

实训7

表 7-3　三人表决器的真值表

输　　入			输　　出
A	B	C	Y
0	0	0	0
0	0	1	0
0	1	0	0
0	1	1	1
1	0	0	0
1	0	1	1
1	1	0	1
1	1	1	1

二、工艺文件和材料

1. 电路原理图

三人表决器的电路原理图如图 7-6 所示。

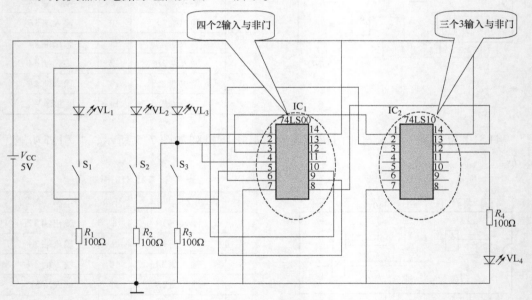

图 7-6　三人表决器的电路原理图

2. 元器件及工具清单

三人表决器电路所需元器件及工具清单见表 7-4。

表 7-4　三人表决器的元器件及工具清单

序号	名　　称	标　号	型　号	规　格	单位	数量
1	电阻器	$R_1 \sim R_4$	RJ　1/4W	100Ω	只	4
2	发光二极管	$VL_1 \sim VL_4$	F5 圆头 LED		只	4
3	TTL 集成电路	IC_1	74LS00		块	1
		IC_2	74LS10		块	1
4	芯片底座		IC 插座	DIP-14	块	2

（续）

序号	名　称	标　号	型　号	规　格	单位	数量
5	开关	$S_1 \sim S_3$	4 脚立式	6mm×6mm×4.3mm	个	3
6	电烙铁			内热式 35W	把	1
7	焊接材料			焊锡丝、导线、松香助焊剂等	套	1
8	印制电路板				块	1

◆ 三、实训计划和目标

根据实训任务描述制订本实训任务的实施计划和目标：

1）识别、检测元器件，保证元器件质量良好。

2）在印制电路板上组装三人表决器电路并完成焊接。

3）检查电路连接是否正确。

4）对表决器电路的功能进行检验。

5）进行电路原理分析及故障排除。

【实训任务步骤】◆◆◆ •

STEP1 根据材料清单识别并检测元器件，并将检测结果填入表 7-5 中

表 7-5　元器件检测结果

元　器　件	识别及检测内容					小　组　评　价
电阻器	标号	色环标识	标称值	仪表及挡位	质量好坏	
	R_1					
	R_2					
	R_3					
	R_4					
开关	标号	引脚 1 和引脚 3 接通阻值	引脚 1 和引脚 3 断开阻值	仪表及挡位	质量好坏	
	$S_1 \sim S_3$					
发光 二极管	标号	正向阻值	反向阻值	仪表及挡位	质量好坏	
	VL_1					
	VL_2					
	VL_3					
	VL_4					
TTL 集成电路	型号	封装形式	面对标注面，引脚向下，画出外形示意图，标出引脚名称	质量好坏		
	74LS00					
	74LS10					
评价标准：元器件识别与检测共计 10 分，每错误一处扣 1 分						总分：

STEP2 在印制电路板上组装三人表决器电路的注意事项

1）工艺步骤合理、方法正确，布局合理整齐，焊点美观、可靠，无漏、假、虚焊。

2）元器件、导线安装及字标方向符合要求。

3）安装顺序由低到高，IC 元件先安装底座，再安装芯片。

4）装接发光二极管时，注意极性不要接反，接反不发光，如果电压过大还会击穿发光二极管。

5）安装集成电路时，注意不要虚焊、漏焊，特别注意不要连锡（短路）或焊错方向，以免损坏 TTL 集成电路。

6）焊接时，注意导线间距离适当大一些，以便于连接，减少跳线。

STEP3 电路装接与组装实施步骤

1）在印制电路板上摆放元器件，依据三人表决器电路原理图进行合理布局，电路交错时可用跳线连接，按工艺要求焊接元器件，完成三人表决器电路的组装。

2）依据三人表决器电路原理图检查电路连接是否正确。

3）电路连接正确后，分别按下开关，测量各发光二极管两端的电压和其对应电阻的电压。当按下任意两个开关或三个开关，VL_4 发光；当按下一个开关或者没有开关按下时，VL_4 不发光，从而完成该电路的调试与测量。

4）根据电路原理图排除故障。

行业标准

以 IPC（国际电子工业联接协会）发布的 IPC-A-610E 《电子组件的可接受性》为依据。

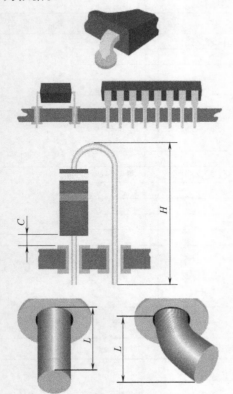

集成电路安装的要求：
- 元器件的支撑肩紧靠焊盘。
- 元器件引脚伸出长度在规定范围。
- 元器件的倾斜不应超出元器件最大高度。

元器件垂直安装的要求：
- 元器件本体与焊盘之间的间隙为 1mm。
- 元器件本体垂直于电路板。
- 总高度不超过设计的最大高度。

引线伸出长度的要求：
引线伸出焊盘的长度，最短应满足焊料中的引线末端可识别，最长应满足电路没有短路危险。

应用提示

> 1）TTL 集成门电路的工作电源一般为 5V，电源电压应为 4.75 ~ 5.25V。
> 2）连接电源前，一定要先检查芯片的引脚排列；更换芯片时，必须断电进行。
> 3）在电源接通的情况下，不可插拔集成电路，以免电流冲击造成永久损坏。

STEP4 作业质量检查

按照 IPC-A-610E 《电子组件的可接受性》及元器件引脚加工成形工艺要求检查本次任务作业质量，将检查结果填入表 7-6。

表 7-6　作业检查评分

序号	检查内容	评价标准	自查结果	小组评分
1	组装焊接工艺步骤	装接顺序合理、操作正确	每错一处扣1分 共扣　　分	
2	元器件布局/连接线	布局合理；元器件分布不妨碍其他紧固件进出；电路最小电气间隙不小于0.5mm；零件标识易读；连接线长度适当、绑扎可靠、无应力集中	每错一处扣1分 共扣　　分	
3	焊点质量	润湿性好，表面完整、连续平滑、焊料量适中；无脱焊、拉尖、桥接等不良焊点；焊点呈弯月形，润湿角度小于90°	每错一处扣1分 共扣　　分	
4	导线加工	导线长度、剥头长度适当；搪锡润湿度良好	每错一处扣1分 共扣　　分	
5	元器件连接	元器件连接符合原理图	每错一处扣1分 共扣　　分	
6	元器件引脚加工	元器件引脚成形符合工艺要求，安装及字标方向一致性好	每错一处扣1分 共扣　　分	
7	PCB 板面	无明显助焊剂残留、焊渣、灰尘和颗粒物；电路板光洁、无污渍、无划痕	每错一处扣1分 共扣　　分	
共计 10 分			总分：	

STEP5 电路逻辑功能测试与测量

接通 5V 直流电源，进行逻辑功能测试与测量。

1）接通直流电源后，分别按下开关 S_1、S_2、S_3，对应发光二极管 VL_1、VL_2、VL_3 亮，当同时按下两个及两个以上开关时，除对应发光二极管亮外，输出端发光二极管 VL_4 亮。

2）电路连接正常后，选择万用表 10V 直流电压挡，黑表笔接 VL_1 的负极，红表笔接 VL_1 的正极，将两引脚间电压记录于表 7-7 中；测量电阻器 R_1 两端电压，记录于表 7-7 中。

3）选择万用表 10V 直流电压挡，用同样的方法测量 VL_4 两引脚间电压，并记录于表 7-7 中；测量电阻器 R_4 两端电压，并记录于表 7-7 中。

表 7-7　电路测量记录

序号	电路调试与测量	测量结果/V	小组评价
1	VL_1 两引脚间电压		
2	R_1 两引脚间电压		

（续）

序号	电路调试与测量	测量结果/V	小 组 评 价
3	VL_4 两引脚间电压		
4	R_4 两引脚间电压		
	评价标准：能够正确测量相应位置数据，共计 10 分		总分：

知识积累

1）TTL 集成电路 74LS00 是含有 4 个与非门的组合逻辑电路，其中 4 组输入端（$A_1 \sim A_4$，$B_1 \sim B_4$），4 个输出端（$Y_1 \sim Y_4$）。74LS10 是 3 组 3 输入与非门，输入端有 3 组（$A_1 \sim A_3$，$B_1 \sim B_3$，$C_1 \sim C_3$），输出端有 3 个（$Y_1 \sim Y_3$）。

2）TTL 集成电路多余引脚处理，当 74LS00 的输入端悬空时，为逻辑高电平，即为 1 状态；当输入端用导线短路接地时，为逻辑低电平，即为 0 状态。为了防止门电路损坏，CMOS 集成电路多余输入端不可悬空，应按要求接地或通过电阻接 $+V_{DD}$。

3）组合逻辑电路是逻辑电路的一种，电路的输出状态仅取决于该时刻的输入状态，与电路原来所处状态无关，因此组合逻辑电路不具有记忆功能。

STEP6 分析电路故障位置、排除电路故障并填写表 7-8

表 7-8 故障汇总及反馈

故 障 现 象	可 能 原 因	解 决 方 法	问题是否解决	小 组 评 价
发光二极管 VL_1 不亮	引脚极性接反		是 否	
发光二极管 VL_4 不亮	IC_1 或 IC_2 引脚连接不正确		是 否	
开关无法正常使用	开关引脚连接不正常		是 否	
集成电路芯片过热	集成电路芯片引脚连接有误		是 否	
	评价标准：能够分析故障原因并排除故障，共计 10 分			总分：

STEP7 收获与总结

通过本实训任务，你又掌握了哪些技能？学会了哪些知识？在实训过程中你遇到了什么问题？你是怎么处理的？请填写在表 7-9 中。

表 7-9 收获与总结

序 号	掌握的技能	学会的知识	出现的问题	处 理 方 法
1				
2				
3				
心得体会：				

创新方案

你有更好的思路和做法吗？请给大家分享一下吧。

1. 合理改变元器件参数，使三人表决器仍能正常使用。

2. 合理改进电路，采用与或门尝试实现表决器功能。

3. _____

小技能做大事

有时候元器件之间的连接可用元器件的引脚连接，这样既节省了材料成本又实现了元器件的连接。你学会了吗？

【实训任务评价】

根据表7-10所列评价内容和评分标准开展自我评价与小组评价，将评价结果填入表中。

表7-10　综合评价

序　号	评价内容和评分标准		自我评价得分	小组评价得分
1	职业素养（30分）	操作符合安全操作规程		
		工具摆放、着装等符合规范		
		保持工位的整洁		
2	团队合作（20分）	主动参与组内成员互查电路故障，协助成员顺利完成电路测试功能		
		能与他人共同交流和探讨，针对故障能提出问题，能正确评价自己和他人		
3	整机装接（40分）	元器件检测		
		电路工艺及焊接质量检查		
		调试三人表决器电路，实现表决功能		
		电路连接故障排查		
4	创新能力（10分）	针对三人表决器电路提出其他设计方案，并进行实践对比		
	总　分			

教师评语：

【思考与提升】

1. 三人表决器采用什么组合逻辑电路设计？这种电路设计有何特点？
2. TTL集成门电路74LS00与74LS10有何异同？
3. 三人表决器电路焊接中，跳线布局有哪些注意事项？

【实训任务小结】

本实训任务所涉及的知识、方法、能力可用思维导图进行概括，如图7-7所示。

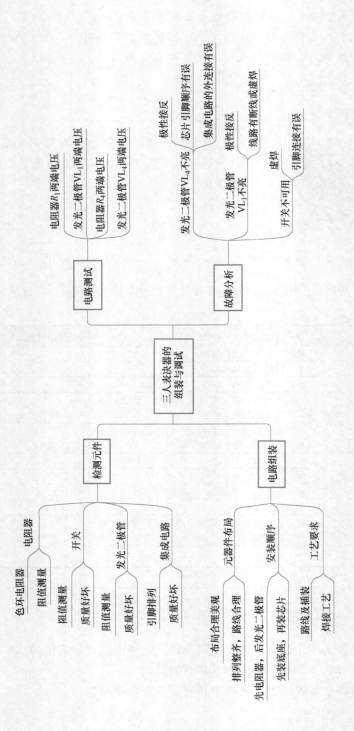

图 7-7　三人表决器的组装与调试思维导图

四人抢答器的组装与调试

【实训任务引入】

在信息多元化的今天，各大综艺节目中开始出现各种各样的竞赛，常见的竞赛有知识竞赛、猜歌词竞赛等，在这些竞赛中，我们都会看到抢答器的身影。

抢答器是一种通过电路实现如字面意思的能准确判断出抢答者的电器。在知识竞赛、文体娱乐活动（抢答赛活动）中，抢答器能准确、公正、直观地判断出抢答者的座位号，并能更好地促进各个团体的竞争意识，让选手们体验到更多的压力感及紧迫感（图 8-1）。

图 8-1　知识竞赛活动现场图

四人抢答器主要由四路抢答开关、抢答锁存电路、编码电路和七段译码显示电路组成。

【实训任务描述】

本实训任务是根据掌握的电路原理知识，制作一款四人抢答器（图 8-2），并按照要求对抢答器进行电路调试和信号测量。

图 8-2　四人抢答器实物

【实训任务目标】 ❖✦ •

1. 熟悉集成 D 触发器的逻辑功能。
2. 熟悉二输入与非门和四输入与非门的逻辑功能。
3. 熟悉锁存译码器功能。
4. 能根据实际电路情况分析和排除电路故障。

【实训任务准备】 ❖✦ •

◆ 一、相关基本知识

四人抢答器电路由多种元器件组成（图 8-3），包括四 D 触发器 74LS175、四 2 输入与非门 CD4011、双 4 输入与非门 CD4012、七段译码器 CD4511 等。

1. 四 D 触发器（74LS175）

在数字电路和计算机系统中，需要具有记忆和存储功能的逻辑部件，触发器就是组成这类逻辑部件的基本单元。触发器在某一时刻的输出不仅和当时的输入状态有关，而且还与此前的电路状态有关。即当输入信号消失后，触发器的状态被记忆，直到再输入信号后它的状态才可能变化，常用的触发器有基本 RS 触发器、同步 RS 触发器、JK 触发器、D 触发器和 T 触发器。

D 触发器只有一个信号输入端，时钟脉冲 CP 未到来时，输入端的信号不起任何作用；只在 CP 信号到来的瞬间，输出立即变成与输入相同的电平，即 $Q^{n+1} = D$。

（1）D 触发器符号

D 触发器可以由 JK 触发器演变而来，图 8-4 所示为 D 触发器的逻辑符号，JK 触发器的 K 端串接一个非门后再与 J 端相连，作为输入端 D，即构成 D 触发器。

（2）逻辑功能分析

在图 8-4 所示的 D 触发器逻辑电路中，当输入 $D = 1$ 时，$J = 1$，$K = 0$，时钟脉冲 CP 加入后，Q 端置 1，与输入端 D 状态一致。

当输入 $D = 0$ 时，$J = 0$，$K = 1$，时钟脉冲 CP 加入后，Q 端置 0，也是与输入端 D 状态一致，即 $Q^{n+1} = D$。

综上分析可得 D 触发器真值表，见表 8-1。

表 8-1　D 触发器真值表

输　入　D	输出 Q^{n+1}	功　能　说　明
1	1	时钟脉冲 CP 加入后，输出状态与输入状态相同
0	0	

（3）集成 D 触发器（74LS175）

D 触发器分为 TTL 和 CMOS 两类，TTL 型四 D 触发器 74LS175 引脚功能如图 8-5 所示，四个 D 触发器共用时钟引脚 9 和清零引脚 1。常用的集成 D 触发器有双 D 触发器 74LS74、四 D 触发器 74LS175 和八 D 触发器 74LS273 等。

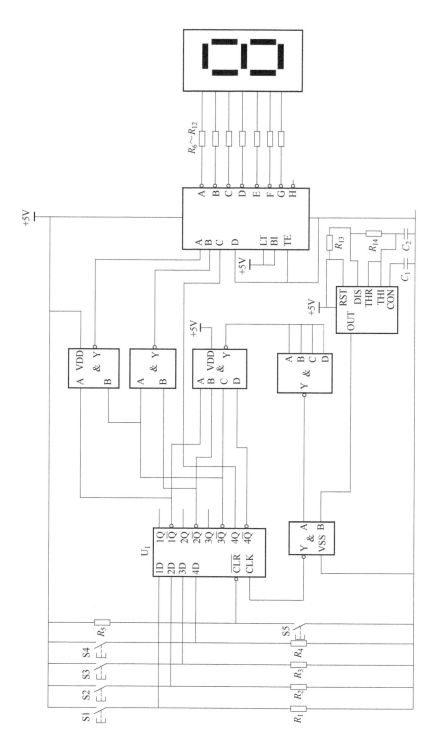

图 8-3　四人抢答器电路

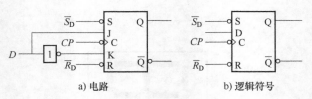

a) 电路   b) 逻辑符号

图 8-4   D 触发器电路演变及逻辑符号

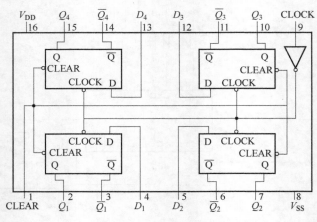

图 8-5   74LS175 引脚功能

2. 四 2 输入与非门（CD4011）和双 4 输入与非门（CD4012）

（1）与非门

在与门后面串联非门就构成了与非门，与非门的逻辑图形符号如图 8-6 所示。

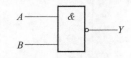

图 8-6   与非门逻辑图形符号

与非门的逻辑函数式为

$$Y = \overline{AB}$$

根据上式得出与非门的真值表，见表 8-2，观察表格总结其逻辑功能为"有 0 出 1，全 1 出 0"。

表 8-2   与非门真值表

输　　入		输　　出
A	B	C
0	0	1
0	1	1
1	0	1
1	1	0

（2）四 2 输入与非门 CD4011

实际应用中一般不采用分立元件构成门电路，而采用集成门电路，例如 CD4011，内含四个2输入与非门，CD4011的引脚排列如图8-7所示。每个与非门均有两个输入端外引线和一个输出端外引线，供电电源正极为引脚14，引脚7为负极，引脚1~3是一组与非门，另外还有3组与非门。

（3）双4输入与非门CD4012

双4输入与非门CD4012的引脚排列如图8-8所示。内部有两个4输入端与非门电路，其逻辑功能是，4个输入端全部为"1"，输出为"0"，4个输入端只要有1个为"0"，输出就为"1"。

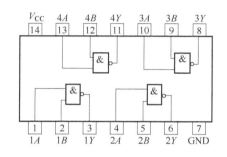

图8-7　CD4011引脚排列

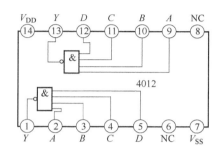

图8-8　CD4012引脚排列

4输入与非门的逻辑函数式为

$$Y = \overline{ABCD}$$

3. 七段译码器 CD4511

CD4511是一片CMOS BCD码-锁存七段译码驱动器，用于驱动共阴极LED显示器的BCD码-七段译码器。如图8-9所示，A_0、A_1、A_2、A_3为二进制数据输入端，$\overline{BI}$为输出消隐控制端，LE为数据锁定控制端，$\overline{LT}$为灯测试端，$Y_a \sim Y_g$为数据输出端，它能提供较大的上拉电流，可以直接驱动共阴极LED数码管。$A_0 \sim A_3$为BCD码输入，A_0为最低位，LT加高电平时，显示器正常显示，加低电平时，显示器一直显示数码"8"，各段都被点亮，以检查显示器是否有故障。BI加低电平时，所有段均消隐；加高电平时，正常显示。

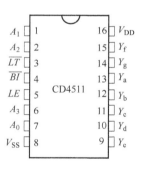

图8-9　CD4511引脚排列

◆ 二、工艺文件和材料

四人抢答器所需元器件及工具见表8-3所示。

表8-3　四人抢答器所需元器件及工具

序号	名　　称	标　号	型　　号	规　　格	单位	数量
1	电阻器	$R_1 \sim R_5$	RJ　1/4W	10kΩ	只	5
		$R_6 \sim R_{12}$	RJ　1/4W	300kΩ	只	7
		R_{13}、R_{14}	RJ　1/4W	2kΩ	只	2
2	电容器	C_1	瓷片电容器	0.01μF	只	1
		C_2	瓷片电容器	0.22μF	只	1

（续）

序号	名　称	标　号	型　号	规　格	单位	数量
3	四 D 触发器	U_1	集成电路	74LS175	片	1
4	双 4 输入与非门	U_{2A}、U_{2B}	集成电路	CD4012	片	1
5	四 2 输入与非门	U_{3A}、U_{3B}	集成电路	CD4011	片	1
6	七段译码器	U_4	集成电路	CD4511	片	1
7	定时器	U_5	集成电路	NE555	片	1
8	七段数码管	VL_1	数码管	D5611A	个	1
9	微动开关	$S_1 \sim S_5$	开关		个	5
10	电烙铁		内热式 35W	15 ~ 25W	把	1
11	焊接材料			焊锡丝、导线、松香助焊剂等	套	1
12	印制电路板		单面敷铜	5cm×7cm	块	1

◆ 三、实训计划与目标

根据实训任务描述制订本实训任务的实施计划和目标：

1）先准备好焊接工具，再进行手部放电，然后识别并检测元器件，保证元器件质量良好。

2）在印制电路板上插上所需元器件并依次焊接，插、焊件顺序按照先低后高、先小后大的顺序，如先插、焊电阻器，再插、焊瓷片电容，最后插、焊芯片和数码管（注意芯片方向）。

3）检查电路焊接是否正确（注意检查芯片方向）。

4）调试与测量电路。

5）进行电路原理分析及故障排除。

【实训任务步骤】 ❖ ＊＊＊＊＊＊＊＊＊＊＊＊＊＊＊＊

STEP1 根据材料清单识别并检测元器件，将检测结果填入表 8-4 中

表 8-4　元器件检测结果

元 器 件	识别及检测内容					小 组 评 价
	标号	色环标识	标称阻值	仪表及挡位	质量好坏	
电阻器	$R_1 \sim R_5$					
	$R_6 \sim R_{12}$					
	R_{13}、R_{14}					
	标号	类型	标称容量	仪表及挡位	质量好坏	
电容器	C_1					
	C_2					
七段数码管	VL_1					

（续）

元　器　件	识别及检测内容				小　组　评　价
	型号	封装形式	面对标注面，引脚向下，画出管外形示意图，标出引脚名称	质量好坏	
集成电路	74LS175				
	CD4012				
	CD4011				
	CD4511				
	NE555				
评价标准：元器件识别与检测共计 10 分，每错误一处扣 1 分					总分：

STEP2 在印制电路上组装四人抢答器电路

1）工艺步骤合理、方法正确，焊点美观、可靠，无漏、假、虚焊。

2）元器件、导线安装及字标方向符合要求。

3）先安装低矮和耐热元器件，然后安装大元器件，最后安装怕热元器件。

4）插接数码管注意不要接反。

5）安装集成电路时，注意将手部放电，装接集成电路时，注意不要装反方向。

实训 8

STEP3 作业质量检查

按照 IPC-A-610E 《电子组件的可接受性》及工艺要求检查作业质量，将检查结果填入表 8-5。

表 8-5　作业检查评分

序号	检查内容	评价标准	自查结果	小组评分
1	组装焊接工艺步骤	装接顺序合理、操作正确	每错一处扣 1 分　共扣　　分	
2	元器件布局/连接线	布局合理：元器件分布不妨碍其他紧固件进出；电路最小电气间隙不小于 0.5mm；零件标识易读；连接线长度适当、绑扎可靠、无应力集中	每错一处扣 1 分　共扣　　分	
3	焊点质量	润湿性好，表面完整、连续平滑、焊料量适中；无脱焊、拉尖、桥接等不良焊点；焊点呈弯月形，润湿角度小于 90°	每错一处扣 1 分　共扣　　分	
4	导线加工	导线长度、剥头长度适当；搪锡润湿度良好	每错一处扣 1 分　共扣　　分	
5	元器件连接	元器件连接符合原理图	每错一处扣 1 分　共扣　　分	
6	元器件引脚加工	元器件引脚成形符合工艺要求，安装及字标方向一致性好	每错一处扣 1 分　共扣　　分	
7	PCB 板面	无明显助焊剂残留、焊渣、灰尘和颗粒物；电路板光洁、无污渍、无划痕	每错一处扣 1 分　共扣　　分	
共计 10 分			总分：	

STEP4 电路调试与测量

在输入端接通 5V 直流电源（注意正、负极性），进行调试与测量。

1）松开开关 S_5，允许抢答，当 $S_1 \sim S_4$ 的任意一个开关按下时，例如 S_2，即 $VL_2 = 1$，则第二个触发器的 2Q 输出 1，U_{2A} 和 U_{2B} 构成的与门输出为 0，封锁 U_{3A}，CP 脉冲不能进入，触发器就不能翻转，将只锁定 S_2 信号，此时经与非门 U_{3B} 组成的译码器输出 10，74LS175 的 15 脚仍然为 0，此时译码器 CD4511 的 $A_3A_2A_1A_0 = 0010$，译码器显示 2。

2）将数字万用表拨到 20V 直流电压挡，然后按下 $S_1 \sim S_4$ 任何一个开关，将黑表笔接地，用红表笔测量 74LS175 的 3 脚、6 脚、11 脚、14 脚的电平高低，并记录在表 8-6 中。

3）将数字万用表拨到 20V 直流电压挡，然后将黑表笔接地，用红表笔测量 CD4511 的 7 脚、1 脚、2 脚和 6 脚，将结果记录于表 8-6 中。

4）使用示波器测量 NE555 的 3 脚输出信号，并将结果记录于表 8-6 中。

表 8-6　电路测量记录

序号	开关号	测 量 结 果				小 组 评 价
1		74LS175				
		3 脚	6 脚	11 脚	14 脚	
		CD4511				
		6 脚	2 脚	1 脚	7 脚	
2		74LS175				
		3 脚	6 脚	11 脚	14 脚	
		CD4511				
		6 脚	2 脚	1 脚	7 脚	
评价标准：能够正确测量相应位置数据，共计10分						总分：

知识积累

NE555 定时器是一种集成电路芯片，常被用于定时器、脉冲发生器和振荡电路。NE555 定时器可工作在三种工作模式下：第一种是单稳态模式，NE555 功能为单次触发，应用范围包括定时器、脉冲丢失检测等；第二种是无稳态模式，NE555 以振荡器的方式工作，NE555 常被用于频闪灯、脉冲发生器、逻辑电路时钟等，本实训任务用的就是这种模式；第三种为双稳态模式，NE555 工作方式类似于一个 RS 触发器。

无稳态模式下，NE555 定时器可输出连续特定频率的方波。电阻器 R_{13} 接在 5V 电源与放电引脚（7 脚）之间，另一个电阻器 R_{14} 接在引脚 7 与触发引脚（2 脚）之间，引脚 2 与阈值脚（6 脚）短接。工作时电容器通过 R_{13} 与 R_{14} 充电至 $2V_{cc}/3$，输出电压翻转，电容器通过 R_{14} 放电至 $V_{cc}/3$，之后电容器重新充电，输出电压再次翻转。

STEP5 分析电路故障位置、排除电路故障

根据表 8-7 所述的故障现象及可能原因，采取办法进行解决，完成表格中相应内容的填写。若有其他故障现象及分析请在表格下面补充。

表 8-7　故障汇总及反馈表

故 障 现 象	可 能 原 因	解 决 方 法	问题是否解决	小 组 评 价
数码管无显示			是 否	
数码管显示数字"8"			是 否	
数码管显示数错误			是 否	
74LS175 无输出			是 否	
评价标准：能够分析故障原因并排除故障，共计 10 分				总分：

STEP6 收获与总结

通过本实训任务，你又掌握了哪些技能？学会了哪些知识？在实训过程中你遇到了什么问题？你是怎么处理的？请填写在表 8-8 中。

表 8-8　收获与总结

序　　号	掌握的技能	学会的知识	出现的问题	处 理 方 法
1				
2				
3				
心得体会：				

创新方案

在电路检测和改进方面，你有更好的思路和做法吗？请给大家分享一下吧。

1. 可以使用 CD4511 的 3 脚灯测试端检测 CD4511 和数码管连接是否正常。

2. 合理改进电路，当抢答人抢答时能发出声音提醒抢答成功。

3. _____。

【实训任务评价】 ❖◆▸ •

根据表8-9所列评价内容和评分标准对本次实训任务完成情况开展自我评价与小组评价，将评价结果填入表中。

表8-9 任务综合评价表

序 号		评价内容与评分标准	自我评价得分	小组评价得分
1	职业素养 （30分）	操作符合安全操作规程		
		工具摆放、着装等符合规范		
		保持工位的整洁		
2	团队合作 （20分）	主动参与小组活动，积极配合小组成员工作，能完成自己的任务		
		能与他人共同交流和探讨，积极思考，能提出问题，能正确评价自己和他人		
3	整机装接 （40分）	元器件检测		
		电路工艺及焊接质量检查		
		调试与测量电路		
		故障排查		
4	创新能力 （10分）	能进行合理的创新		
总 分				

教师评语：

【思考与提升】 ❖◆▸ •

1. 如何快速确认数码管和CD4511电路是否正常？
2. 元器件焊接的先后顺序应遵循什么原则？
3. 利用示波器测量NE555有哪些注意事项？

【实训任务小结】 ❖◆▸ •

本实训任务所涉及的知识方法、能力可用思维导图进行概括，如图8-10所示。

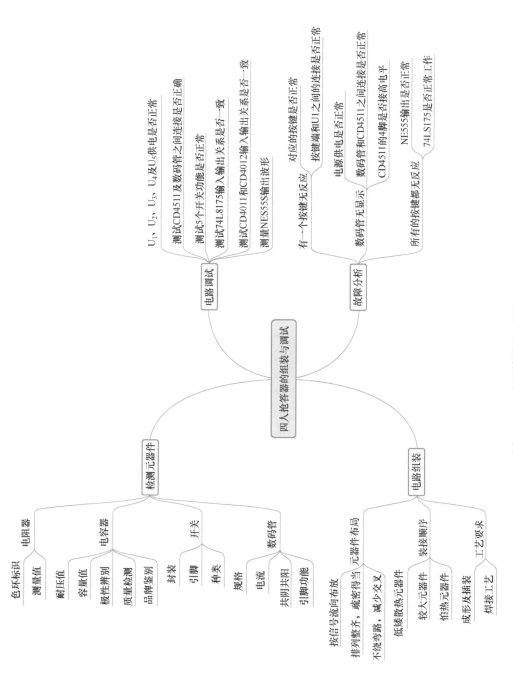

图 8·10 四人抢答器的组装与调试总维导图

实训任务 9

多功能计数器的组装与调试

【实训任务引入】 ◈◈◈ ……………………………………

　　计数器是一种时序逻辑电路，可用于计数、分频、测量、运算和控制。它是现代数字系统中不可缺少的组成部分，从小型数字仪表到大型计算机，几乎无所不在。

　　计数器在数字系统中用于对脉冲的数量进行计数。它由计数单元和控制门组成。计数单元又是由触发器构成的，这些触发器有 RS 触发器、T 触发器、D 触发器及 JK 触发器等。计数器的主要指标是位数，常见的有 2 位、3 位和 4 位计数器。图 9-1 所示为某自动化生产线上用于统计产品数量的 4 位十进制计数器。

图 9-1　4 位十进制计数器实物图

【实训任务描述】 ◈◈◈ ……………………………………

　　本实训任务是根据掌握的时序逻辑电路的基本知识，利用集成计数器 CD4518、译码器 CD4511 及其他辅助器件，制作一款 2 位多功能计数器，如图 9-2 所示，并按照功能要求对计数器进行调试。

图 9-2　电路实物

【实训任务目标】 ·

1. 了解计数器的功能及计数器的类型。
2. 掌握二进制、十进制等经典集成计数器的特性及应用。
3. 会测试电路的主要参数和波形。
4. 能根据实际电路情况分析和排除电路故障。

【实训任务准备】 ✦✦ ·

◆ 一、相关基本知识

能累计输入脉冲个数的时序部件称为计数器。按 CP 脉冲输入方式的不同，可分为同步计数器和异步计数器两种；按计数功能的不同，可分为加法计数器、减法计数器和可逆计数器。

1. 二进制加法计数器

二进制只有 0、1 两个数码，所谓二进制加法，就是"逢二进一"。同样，由于触发器只有两种状态，所以一个触发器只可以表示一位二进制数，如果要表示 n 位二进制数，就要用 n 个触发器。

（1）异步二进制加法计数器

所谓异步计数器，是指计数脉冲并不接到所有触发器的时钟脉冲输入端，有的触发器的时钟脉冲输入端是其他触发器的输出，因此，触发器不是同时动作的。

图 9-3 所示为 3 位二进制加法计数器的逻辑图。

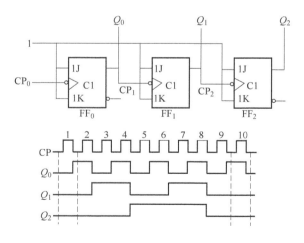

图 9-3 3 位二进制加法计数器的逻辑图

从逻辑图可以看出，CP 脉冲从低位触发器 FF_0 的时钟脉冲端输入，FF_0 在每个计数脉冲的下降沿翻转，触发器 FF_0 的输出 Q_0 接到 FF_1 的 CP_1 端，FF_1 在 Q_0 由 1 变为 0 时翻转。同理，FF_2 在 Q_1 由 1 变为 0 时翻转，按照计数器的翻转规律，可得出它的工作波形图和状态表（见表 9-1）。

表 9-1　3 位二进制加法计数器状态表

状态序号	状态编码			进位输出 C_0
	Q_2	Q_1	Q_0	
S_0	0	0	0	0
S_1	0	0	1	0
S_2	0	1	0	0
S_3	0	1	1	0
S_4	1	0	0	0
S_5	1	0	1	1

　　异步计数器结构简单，构成二进制计数器时，可以不用附加其他电路。但它没有统一的时钟，计数脉冲只加到最低位的触发器，高位触发器的时钟脉冲就是低位触发器的输出，工作方式是一级推动一级的串行工作，所以工作速度慢。

　　（2）同步二进制加法计数器

　　同步计数器是指将计数脉冲接到所有触发器的时钟脉冲输入端，使触发器在外接 CP 脉冲作用下同时翻转，大大减少了进位时间，计数速度快。

　　图 9-4 为 4 位二进制同步加法计数器的逻辑图。

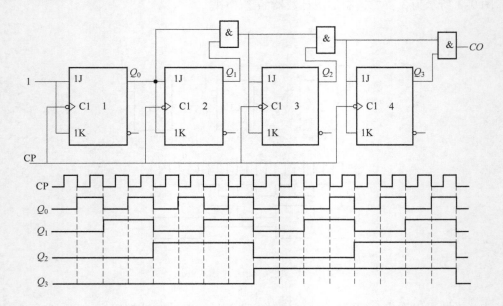

图 9-4　4 位二进制同步加法计数器的逻辑图

　　假设 CP 脉冲输入前电路已清零，则状态表见表 9-2。

表 9-2　4 位二进制加法计数器状态表

计 数 顺 序	电 路 状 态				等效十进制	进位输出 C
	Q_3	Q_2	Q_1	Q_0		
0	0	0	0	0	0	0
1	0	0	0	1	1	0
2	0	0	1	0	2	0
3	0	0	1	1	3	0
4	0	1	0	0	4	0
5	0	1	0	1	5	0
6	0	1	1	0	6	0
7	0	1	1	1	7	0
8	1	0	0	0	8	1

2. 计数器结构框图

图 9-5 所示为计数器结构框图，电路主要由脉冲发生器、计数器、译码器和显示电路组成。脉冲发生器的主要元器件是 NE555P，它和周围器件组成振荡器，产生用于自动计数的脉冲信号，调整 RP 可以改变脉冲信号频率，也就是说可以通过调整 RP 大小来改变计数快慢。计数器主要元件是 CD4518，属于同步加法计数器，在这个集成电路内部有两个计数器，这里记为 U_{2A} 和 U_{2B}，U2B 用于个位计数，U2A 用于十位计数，脉冲发生器每输入一个脉冲，都会导致输出叠加一个数字，如个位计数达到 9，再接收到脉冲信号即可向 U2A 输出一个脉冲；译码器是 CD4511，主要作用是将计数器产生的二进制数转换为可供数码管显示的编码，起到译码驱动作用；显示电路由数码管和限流电阻组成，数码管采用共阴极接法。

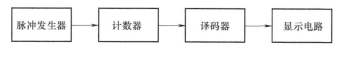

图 9-5　计数器结构框图

◆ 二、工艺文件及材料

1. 电路原理图

电路原理图如图 9-6 所示。

2. 元器件及工具

多功能计数器所需元器件及工具见表 9-3。

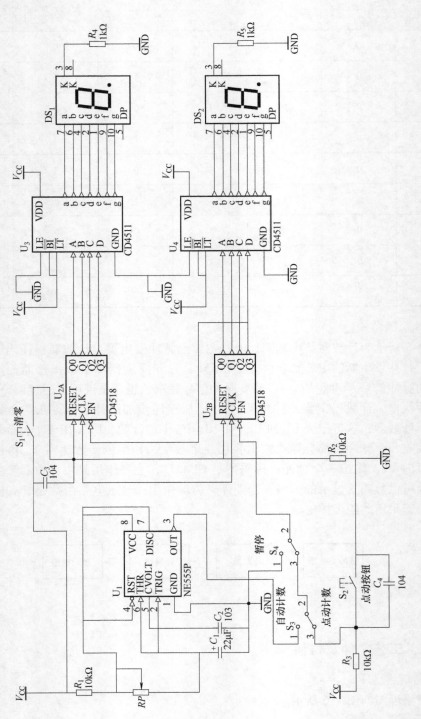

图 9-6 多功能计数器电路原理图

表9-3 多功能计数器所需元器件及工具

序号	名 称	标 号	型 号	规 格	单位	数量
1	电阻器	R_1、R_2、R_3	RJ 1/4W	10kΩ	只	3
		R_4、R_5	RJ 1/4W	1kΩ	只	2
2	LED 数码管	DS1、DS2	φ5 红	共阴极	只	2
3	电容器	C_1	电解电容器	22μF/50V	只	1
		C_2	陶瓷电容器	103	只	1
		C_3、C_4	陶瓷电容器	104	只	2
4	集成电路	U_1	NE555P	8P	片	1
		U_2	CD4518	16P	片	1
		U_3、U_4	CD4511	16P	片	2
5	排针	P_1	单排	2P, 2.54mm	个	2
6	按钮	S_1、S_2	SW-SPST		个	2
7	单刀双掷开关	S_3、S_4	SW-SPDT		个	2
8	数码管	DS_1、DS_2	LED DIP-10		个	2
9	电位器	RP	蓝白		个	1
10	电烙铁		内热式35W	15~25W	把	1
11	焊接材料			焊锡丝、导线、松香助焊剂等	套	1
12	印制电路板				块	1

◆ 三、实训计划和目标

根据实训任务描述制订本实训任务的实施计划和目标:

1)识别、检测元器件,保证元器件质量良好。

2)在 PCB 上组装多功能计数器并完成焊接。

3)检查电路连接是否正确。

4)对计数器功能进行检验和调试。

5)进行电路原理分析及故障排除。

【实训任务步骤】 ◆◆◆◆ •

STEP1 根据材料清单识别并检测元器件,将检测结果填入表9-4中

表9-4 元器件检测结果

元 器 件	识别及检测内容					小 组 评 价
电阻器	标号	色环标识	标称值	仪表及挡位	质量好坏	
	R_1、R_2、R_3、R_4、R_5					
电容器	标号	阻值调节范围	标称值	仪表及挡位	质量好坏	
	RP					

（续）

元 器 件	识别及检测内容					小 组 评 价
电容器	标号	耐压值	容量值	仪表及挡位	质量好坏	
	C_1					
	C_2、C_3、C_4					
数码管	标号	正向阻值	反向阻值	仪表及挡位	质量好坏	
	DS_1、DS_2					
	评价标准：元器件识别与检测共计 10 分，每错误一处扣 1 分					总分：

STEP2 在印制电路板上焊接多功能计数器

1）工艺步骤合理、方法正确，布局合理整齐，焊点美观、可靠，无漏、假、虚焊。

2）元器件、导线安装及字标方向符合要求。

3）CD4511 和 CD4518 均为 16 脚 DIP 封装，使用时不要装错。

4）数码管的极性不要接反。

5）安装集成电路要注意观察表面的缺口标识。

应 用 提 示

1）数码管的引脚不要接错，注意接地端不能悬空，否则容易损坏数码管。

2）CD4518 和 CD4511 均为 CMOS 型集成电路，引脚一律不能悬空，否则容易损坏集成电路。

STEP3 作业质量检查

按照 IPC-A-610E 《电子组件的可接受性》及元器件引脚加工成形工艺要求检查本任务作业质量，将检查结果填入表 9-5。

表 9-5　作业质量检查评分

序号	检查内容	评价标准	自查结果	小组评分
1	组装焊接工艺步骤	装接顺序合理、操作正确	每错一处扣 1 分 共扣　　分	
2	元器件布局/连接线	布局合理；元器件分布不妨碍其他紧固件进出；电路最小电气间隙不小于 0.5mm；零件标识易读；连接线长度适当、绑扎可靠、无应力集中	每错一处扣 1 分 共扣　　分	
3	焊点质量	润湿性好，表面完整、连续平滑、焊料量适中；无脱焊、拉尖、桥接等不良焊点；焊点呈弯月形，润湿角度小于 90°	每错一处扣 1 分 共扣　　分	
4	导线加工	导线长度、剥头长度适当；搪锡润湿度良好	每错一处扣 1 分 共扣　　分	
5	元器件连接	元器件连接符合原理图	每错一处扣 1 分 共扣　　分	

（续）

序号	检查内容	评价标准	自查结果	小组评分
6	元器件引脚加工	元器件引脚成形符合工艺要求，安装及字标方向一致性好	每错一处扣1分 共扣　　分	
7	PCB 板面	无明显助焊剂残留、焊渣、灰尘和颗粒物；电路板光洁、无污渍、无划痕	每错一处扣1分 共扣　　分	
	共计 10 分		总分：	

STEP4 电路调试与测量

在输入端接通 5V 直流电源（注意正、负极性），进行调试与测量。

1）清零。CD4518 的第 7 和 15 脚分别控制十位和个位复位，平时这两个引脚均为低电平，按下 S_1 时，这两个引脚同时得到高电平，实现复位，个位和十位同时为 "0"。

2）自动和点动。将 S_3 拨到自动位置，脉冲发生器的计数脉冲接入计数器，实现自动计数；将 S_3 拨到点动位置，点动按钮接入计数器，这时，每按一次点动按钮都会有一个脉冲输入计数器，从而实现计数器加 1。

3）将数字万用表拨至 20V 直流电压挡，将黑表笔接地，红表笔测量 CD4511 的 7 脚、1 脚、2 脚和 6 脚。

4）使用示波器测量 NE555P 的 3 脚输出信号，并将结果记录于表 9-6 中。

将 S_3 拨到点动计数、S_4 切换到计数模式，记录按下 S_2 1 次和 10 次时 CD4511 和 CD4518 各引脚记录于表 9-6 中的电压值。

实训9

表 9-6　电路测量记录

序号	操作内容	测量结果				小组评价
1	S_2 点动 1 次	CD4518				
		11 脚	12 脚	13 脚	14 脚	
		CD4511				
		6 脚	2 脚	1 脚	7 脚	
2	S_2 点动 10 次	CD4518				
		3 脚	6 脚	11 脚	14 脚	
		CD4511				
		6 脚	2 脚	1 脚	7 脚	
		NE555 引脚				
	评价标准：能够正确测量相应位置数据，共计 10 分				总分：	

知识积累

CD4518 的真值表见下表，每个单元有两个时钟输入端 CLK 和 EN，可用时钟脉冲的上升沿或下降沿触发。由表可知，若用 ENABLE 信号下降沿触发，触发信号由 EN 端输入，CLK 端置 "0"；若用 CLK 信号上升沿触发，触发信号由 CLK 端输入，ENABLE 端置 "1"。RESET 端是清零端，RESET 端置 "1" 时，计数器各输出端 $Q_1 \sim Q_4$ 均为 "0"，只有 RESET 端置 "0" 时，CD4518 才开始计数。

CLK	EN	RESET	功能
↑	1	0	加计数
0	↓	0	加计数
↓	×	0	不变
×	↑	0	不变
↑	0	0	不变
1	↓	0	不变
×	×	1	$Q_0 \sim Q_3 = 0$

CD4518 引脚：CLK A 1, ENK A 2, Q_{1A} 3, Q_{2A} 4, Q_{3A} 5, Q_{4A} 6, RESET A 7, V_{SS} 8, 9 CLB, 10 ENB, 11 Q_{1B}, 12 Q_{2B}, 13 Q_{3B}, 14 Q_{4B}, 15 RESET B, 16 V_{DD}

STEP5 分析电路故障位置、排除电路故障

根据表 9-7 所述的故障现象及可能原因，采取办法进行解决，完成表格中相应内容的填写。若有其他故障现象及分析请在表格下面补充。

表 9-7　故障汇总及反馈

故障现象	可能原因	解决方法	问题是否解决	小组评价
数码管不亮	供电电压不对		是 否	
数码管显示数字 8	CD4511 的 LT 灯测试端接错		是 否	
没有自动计数功能	NE555P 无输出		是 否	
			是 否	
评价标准：能够分析故障原因并排除故障，共计 10 分				总分：

STEP6 收获与总结

通过本实训任务，你又掌握了哪些技能？学会了哪些知识？在实训过程中你遇到了什么问题？你是怎么处理的？请填写在表 9-8 中。

表9-8　收获与总结

序　号	掌握的技能	学会的知识	出现的问题	处 理 方 法
1				
2				
3				
心得体会:				

【实训任务评价】◆◆◇ · · · · · · · · · · · · · ·

根据表9-9所列评价内容和评分标准，对本实训任务完成情况开展自我评价与小组评价，将评价结果填入表中。

表9-9　任务综合评价表

序　号	评价内容和评分标准		自我评价得分	小组评价得分
1	职业素养 （30 分）	操作符合安全操作规程		
		工具摆放、着装等符合规范		
		保持工位的整洁		
2	团队合作 （20 分）	主动参与小组活动，积极配合小组成员工作，能完成自己的任务		
		能与他人共同交流和探讨，积极思考，能提出问题，能正确评价自己和他人		
3	整机装接 （40 分）	元器件检测		
		电路工艺及焊接质量检查		
		调试与测量电路		
		故障排查		
4	创新能力 （10 分）	能进行合理的创新		
总　　分				
教师评语:				

【思考与提升】◆◆◇ · · · · · · · · · · · · · ·

1. 在多功能计数器里，NE555P处于什么工作模式下？你是怎么判断出来的？

2. 在本实训任务的多功能计数器里，CD4518的两个计数器是如何实现合作计数的？

【实训任务小结】◆◆◇ · · · · · · · · · · · · · ·

本实训任务所涉及的知识、方法、能力可用思维导图进行概括，如图9-7所示。

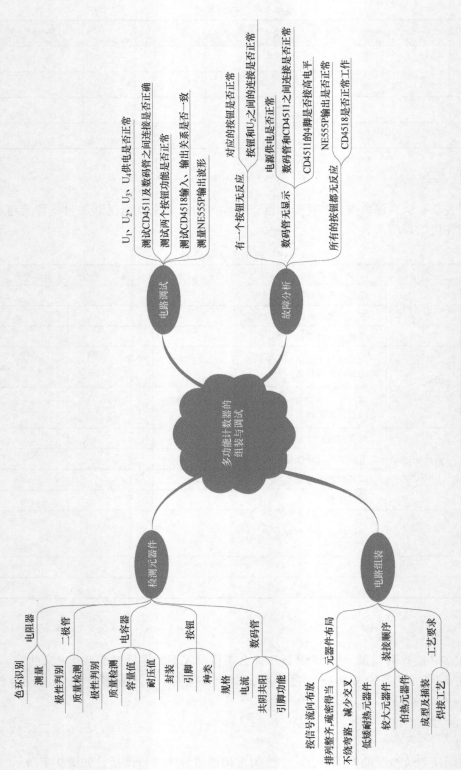

图 9-7 多功能计数器的组装与调试思维导图

10

变音报警器电路的组装与调试

【实训任务引入】 ◆◆◆ ‥‥‥‥‥‥‥‥‥‥‥‥‥‥‥‥‥‥

　　随着社会不断发展，人们对财产的保护意识不断增强，家庭防盗系统越来越受到重视。目前，市面在售的报警器大部分是面向公司、企业或政府部门的商用产品，其价格昂贵且需要定期维护，普通家庭难以承受。本实训任务所制作的报警器成本低廉、性能稳定、适配性强，可作为简易的家庭防盗系统，发挥与商用报警器相似的作用。

　　本实训任务主要学习变音报警器的装接与测试。以此报警器电路为基础只需更换或搭配相关传感器或测量电路，即可改装成不同类型的报警器，如红外报警器、振动报警器、声光报警器等，如图 10-1 所示。555 定时器是一种中规模集成电路，因输入端有三个 $5k\Omega$ 的电阻而得名，常被用于定时器、脉冲产生器和振荡电路。由于其易用性、低廉的价格和良好的可靠性，被广泛应用于电子电路的设计中，直至今日仍风靡世界，被称为"万能芯片"。变音报警器电路主要由两个 NE555 定时器构成两个多谐振荡器，其中一个 NE555 定时器（IC_1）构成低频振荡器，输出低频矩形波。另一个 NE555 定时器（IC_2）构成高频振荡器，输出高频矩形波。通过 IC_1 的输出信号控制 IC_2 输出不同频率的信号，使扬声器产生高频及低频声响。

图 10-1　家用安防报警器

【实训任务描述】 ◆◆◆ ‥‥‥‥‥‥‥‥‥‥‥‥‥‥‥‥‥‥

　　本实训任务是在印制电路板上正确组装、焊接变音报警器电路，完成电路组装与调试。通过电路的调试，理解 NE555 定时器构成的多谐振荡电路的工作原理。报警器电路实物如图 10-2 所示。

图 10-2　报警器电路实物

【实训任务目标】

1. 掌握 NE555 集成定时器芯片的基本功能。
2. 能理解由 NE555 定时器构成的多谐振荡器的作用。
3. 能分析由 NE555 定时器组成的变音报警器电路的工作原理。
4. 能正确组装变音报警器电路并测量相关参数。
5. 掌握示波器的基本使用方法。

【实训任务准备】

一、相关基本知识

1. NE555 定时器的外形与引脚排列

NE555 定时器的外形与引脚排列如图 10-3 所示。

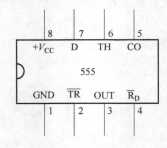

a) 外形　　　　　　　　　　b) 引脚排列

图 10-3　NE555 定时器外形与引脚排列

NE555 引脚功能介绍：

1 脚——接地端 GND；

2 脚——低电平触发输入端 $\overline{TR}$；

3 脚——输出端 OUT；

4 脚——置 0 复位端 $\overline{R_D}$，一般接高电平，接低电平时复位；

5 脚——电压控制端 CO。平时比较器的参考电压为 $V_{R1} = 2V_{CC}/3$，$V_{R2} = V_{CC}/3$，当 5 脚外接一个输入电压时，即改变了比较器的参考电压，从而实现对输出的控制。在不接外加电压时，通常接一个 $0.01\mu F$ 的电容器后再接地，起到滤波作用，以消除外来的干扰，确保参考电压稳定；

6 脚——高电平触发输入端 TH；

7 脚——放电端 D；

8 脚——电源输入端 $+V_{CC}$（4.5～18V）。

2. NE555 定时器的逻辑功能

NE555 定时器内部电路结构如图 10-4 所示，其逻辑功能表见表 10-1。

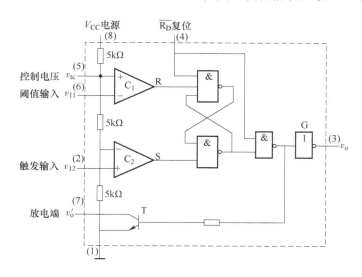

图 10-4　NE555 定时器内部结构

表 **10-1**　**NE555 定时器逻辑功能**

$\overline{R_D}$	TH	$\overline{TR}$	OUT
0	×	×	0
1	$>2V_{CC}/3$	$>V_{CC}/3$	0
1	$<2V_{CC}/3$	$<V_{CC}/3$	1
1	$<2V_{CC}/3$	$>V_{CC}/3$	保持原状态

3. NE555 定时器构成的多谐振荡电路

NE555 定时器构成的多谐振荡电路如图 10-5 和图 10-6 所示，外接 R_1、R_2、C_1 为定时元件。

工作过程：

1）设电路中电容器两端的初始电压为 $V_C = 0$，$V_{TR} = V_C < V_{CC}/3$，输出端为高电平，$u_O = V_{CC}$，放电端断开。随着时间的增加，电源 V_{CC} 通过 R_1、R_2 向电容器 C_1 充电，V_C 逐渐增大。当 $V_{CC}/3 < V_C < 2V_{CC}/3$ 时，电路仍保持原态，输出维持高电平。

2）V_C 继续升高，当 $V_{TR} = V_C > 2V_{CC}/3$ 时，电路状态翻转，输出低电平，$u_O = 0$，电容器放电。

3）当 $V_{TR} = V_C < V_{CC}/3$ 时，电路状态翻转，电容器又开始充电，重复上述过程形成振荡，输出 u_O 为连续的矩形波形。电容器充电时间：$t_1 = 0.7(R_1 + R_2)C$，电容器放电

时间：$t_2 = 0.7R_2C$，电容器充放电形成的脉冲周期：$T = t_1 + t_2 = 0.7(R_1 + 2R_2)C$。

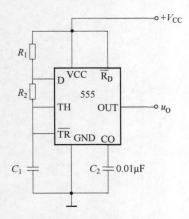

图 10-5　多谐振荡电路

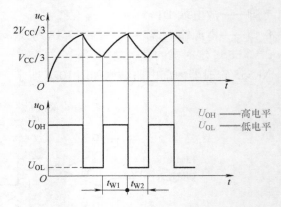

图 10-6　振荡电路波形

二、工艺文件和材料

工作原理

1. 电路原理图

变音报警器电路原理图如图 10-7 所示。

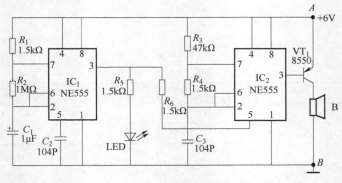

图 10-7　变音报警器电路原理图

变音报警器电路印制板如图 10-8 所示。

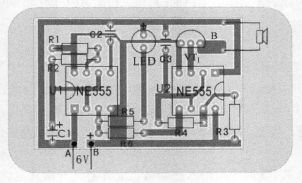

图 10-8　变音报警器电路安装图

2. 元器件及工具清单

变音报警器电路所需元器件及工具见表 10-2。

表 10-2　变音报警器电路所需元器件及工具

序号	名　称	标　号	型　号	规　格	单位	数量
1	电阻器	R_1、R_4、R_5、R_6	RJ　1/4W	1.5kΩ	只	4
		R_2	RJ　1/4W	1MΩ	只	1
		R_3	RJ　1/4W	47kΩ	只	1
2	电容器	C_1	电解电容器	1μF/50V	只	1
		C_2、C_3	瓷片电容器	104P	只	2
3	发光二极管	LED			只	1
4	晶体管	VT_1	8550		只	1
5	NE555 定时器	IC_1、IC_2	NE555	DIP8	片	2
6	印刷电路板				块	1
7	扬声器	B			个	1
8	电池盒			4 节 5 号	个	1
9	电烙铁		内热式	15～25W	把	1
10	焊接材料			焊锡丝、导线、松香助焊剂等	套	1

◆ 三、实训计划和目标

根据实训任务描述制订本实训任务的实施计划和目标：

1）识别、检测元器件，保证元器件质量良好。

2）在印制电路板上组装变音报警器电路。

3）检查电路连接是否正确。

4）使用仪器对电路进行检测和调试，掌握示波器的基本使用方法。

5）进行电路原理分析及故障排除。

【实训任务步骤】　◆◆◆ ·

STEP1　根据材料清单识别并检测元器件，并将检测结果填入表 10-3。

表 10-3　元器件检测结果

元 器 件		识别及检测内容				小 组 评 价
电阻器	标号	色环标识	标称阻值	仪表及挡位	质量好坏	
	R_1、R_4 R_5、R_6					
	R_2					
	R_3					
电容器	标号	耐压值	标称容量	仪表及挡位	质量好坏	
	C_1					
	C_2、C_3					

（续）

元 器 件		识别及检测内容				小 组 评 价
晶体管	标号	结构类型	面对标注面，引脚向下，画出外形示意图，标出引脚名称	仪表及挡位	质量好坏	
	VT$_1$					
扬声器	符号	功率	仪表及挡位		质量好坏	
	B					
集成电路	型号	封装形式	面对标注面，引脚向下，画出外形示意图，标出引脚名称	质量好坏		
	NE555					
评价标准：元器件识别与检测共计 10 分，每错误一处扣 1 分						总分：

STEP2 在印制电路板上组装变音报警器电路

1）工艺步骤合理、方法正确，布局合理整齐，焊点美观、可靠，无漏、假、虚焊。

2）元器件、导线安装及字标方向符合要求。

3）先装低矮和耐热元器件，然后装大元器件，最后装怕热元器件。

4）其他元器件的安装：电解电容器、晶体管装接时，正、负极不要接错。

5）要确保集成电路安装方向正确。

6）注意：先不装电阻器 R_6。

◆◆◆ **行业标准** ◆

以 IPC（国际电子工业联接协会）发布的 IPC-A-610E 《电子组件的可接受性》为依据。

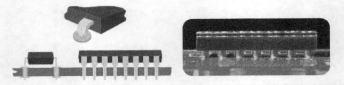

双列直插封装（DIP）元器件的安装要求：

1）所有引线上的支承肩紧靠焊盘。

2）引线伸出长度满足下表要求。

	1 级	2 级	3 级
最小长度	焊料中引线末端可辨识		足够弯折
最大长度	无短路危险		

注意：1 级——普通类电子产品；2 级——专用服务类电子产品；3 级——高性能电子产品。

STEP3 作业质量检查

按照 IPC- A- 610E 《电子组件的可接受性》及元器件引脚加工成形工艺要求检查本实训任务作业质量，将检查结果填入表 10-4。

表 10-4　作业检查评分

序号	检查内容	评价标准	自查结果	小组评分
1	组装焊接工艺步骤	装接顺序合理、操作正确	每错一处扣 1 分 共扣　　分	
2	元器件布局/连接线	布局合理；元器件分布不妨碍其他紧固件进出；电路最小电气间隙不小于 0.5mm；零件标识易读；连接线长度适当、绑扎可靠、无应力集中	每错一处扣 1 分 共扣　　分	
3	焊点质量	润湿性好，表面完整、连续平滑、焊料量适中；无脱焊、拉尖、桥接等不良焊点；焊点呈弯月形，润湿角度小于 90°	每错一处扣 1 分 共扣　　分	
4	导线加工	导线长度、剥头长度适当；搪锡润湿度良好	每错一处扣 1 分 共扣　　分	
5	元器件连接	元器件连接符合原理图	每错一处扣 1 分 共扣　　分	
6	元器件引脚加工	元器件引脚成形符合工艺要求，安装及字标方向一致性好	每错一处扣 1 分 共扣　　分	
7	PCB 板面	无明显助焊剂残留、焊渣、灰尘和颗粒物；电路板光洁、无污渍、无划痕	每错一处扣 1 分 共扣　　分	
共计 10 分			总分：	

应 用 提 示

常见焊点异常现象

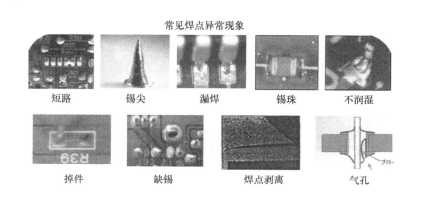

短路　　　锡尖　　　漏焊　　　锡珠　　　不润湿

掉件　　　缺锡　　　焊点剥离　　　气孔

STEP4 电路调试与测量

1) 不接入直流电源，用万用表 $R \times 1k$ 挡测量 AB 两端的输入电阻值。正常情况下，

实训 10

电阻值约为 8kΩ。若电阻值为零，说明电路中出现了短路故障；若电阻值无穷大，说明电路中出现了断路故障。请认真检查电路，排除电路故障后再次测试，输入电阻值正常时方可进行通电测试。

2）接入 +6V 直流电源，通电调试。

① 不接电阻器 R_6 时，效果为 _____。用示波器观测 IC_1、IC_2 各引脚的波形，将波形和数据记录于表 10-5 中。

表 10-5　未接入电阻器 R_6 时 IC_1、IC_2 各引脚波形和数据

记录 IC_1 的 3 脚波形	周　期	幅　度
	$T =$ 挡位：	$V_{P\text{-}P} =$ 挡位：
记录 IC_2 的 2 脚波形	周　期	幅　度
	$T =$ 挡位：	$V_{P\text{-}P} =$ 挡位：
记录 IC_2 的 3 脚波形	周　期	幅　度
	$T =$ 挡位：	$V_{P\text{-}P} =$ 挡位：

② 接入电阻器 R_6 时，效果为＿＿＿＿＿＿＿＿＿＿＿＿＿＿＿＿。用示波器观测 IC_1、IC_2 各引脚的波形，将波形和数据记录于表 10-6 中。

表 10-6 接入电阻器 R_6 后 IC_1、IC_2 各引脚波形和数据

记录 IC_1 的 3 脚波形	周　期	幅　度
	$T =$ 挡位：	$V_{P-P} =$ 挡位：
记录 IC_2 的 2 脚波形	周　期	幅　度
	$T =$ 挡位：	$V_{P-P} =$ 挡位：
记录 IC_2 的 3 脚波形	周　期	幅　度
	$T =$ 挡位：	$V_{P-P} =$ 挡位：

STEP5 分析电路故障位置、排除电路故障

根据表 10-7 所述的故障现象及可能原因，采取办法进行解决，完成表格中相应内容的填写。若有其他故障现象及分析请在表格下面补充。

表10-7　故障汇总及反馈

故 障 现 象	可 能 原 因	解 决 方 法	问题是否解决	小 组 评 价
IC$_1$的3脚没有输出信号	R_1、R_2、C_1支路未形成通路		是 否	
发光二极管不亮	R_5、LED支路未形成通路		是 否	
扬声器无声音	U$_2$—外围电路存在断路； VT$_1$—扬声器支路未形成通路； R_3、R_4、C_3—支路未形成通路		是 否	
评价标准：能够分析故障原因并排除故障，共计10分				总分：

STEP6 收获与总结

通过本实训任务，你又掌握了哪些技能？学会了哪些知识？在实训过程中你遇到了什么问题？你是怎么处理的？请填写在表10-8中。

表10-8　收获与总结

序　　号	掌握的技能	学会的知识	出现的问题	处 理 方 法
1				
2				
3				
心得体会：				

创新方案

你有更好的思路和做法吗？请给大家分享一下吧。

1. 本电路可以通过添加哪些元器件实现感应报警功能？（例如，热释电红外传感器）

2. 合理改进电路使报警电路发出声音的频率可调。

3._____。

知识积累

NE555定时器构成的多谐振荡器输出矩形波的频率与外接R和C有关，因此改变外接电阻器的大小，可以得到不同频率的输出。例如，下图的电子琴电路中，每个按钮代表琴键，按下不同的按钮，振荡器接入不同的电阻器，电路产生不同的振荡频率，扬声器就可以发出不同的声响，只要电阻值选得合适，就能发出音阶的声响。

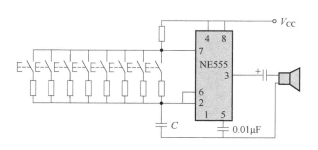

【实训任务评价】 ◆◆◆ •

根据表 10-9 所列评价内容和评分标准对本实训任务完成情况开展自我评价与小组评价，将评价结果填入表中。

表 10-9　综合评价

序　号		评价内容和评分标准	自我评价得分	小组评价得分
1	职业素养 （30 分）	操作符合安全操作规程		
		工具摆放、着装等符合规范		
		保持工位的整洁		
2	团队合作 （20 分）	主动参与小组活动，积极配合小组成员工作，能完成自己的任务		
		能与他人共同交流和探讨，积极思考，能提出问题，能正确评价自己和他人		
3	整机装接 （40 分）	元器件检测		
		电路工艺及焊接质量检查		
		调试与测量电路		
		故障排查		
4	创新能力 （10 分）	能进行合理的创新		
总　分				
评语：				

【思考与提升】 ◆◆◆ •

1. 如果变音报警器电路能够正常发出警报声，但是发光二极管不能发光，请问是什么原因？

2. 如果报警器发出的声音没有频率变化，可能是由哪些原因导致的？

【实训任务小结】 ◆◆◆ •

本实训任务所涉及的知识、方法、能力可用思维导图进行概括，如图 10-9 所示。

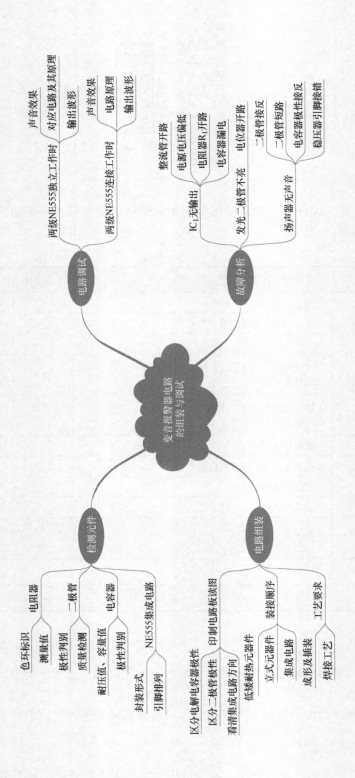

图 10-9　变音报警器电路的组装与调试思维导图

晶体管超外差收音机的组装与调试

【实训任务引入】 ◆◆◇ •

收音机是一种用来接收无线电广播信号的电子设备，曾经广泛应用在家庭生活和车载音响设备中。随着现代无线通信技术的高速发展，尤其是 4G、5G 通信技术的应用，人们生活水平不断提高，收音机逐渐被电视广播和手机取代，传统的收音机渐渐从家庭生活中失去踪迹。收音机作为一种曾被广泛应用的电子设备，几乎包含电子技术基础中模拟部分的全部知识，掌握收音机的装配与调试不仅可以巩固模拟电子部分的相应知识，还可以训练电子产品整机的安装调试技术。本实训任务来组装一台能够接收中波（MW波段）调幅广播信号的晶体管超外差收音机，如图 11-1 所示。

图 11-1　某型调幅收音机

【实训任务描述】 ◆◆◇ •

根据所给的收音机电路原理图、安装图和工艺说明文件完成晶体管超外差收音机的组装焊接。组装焊接完成后对整机进行全面调试，包括：调试静态工作点、调试中频频率、调试频率覆盖、调试补偿四个方面，使收音机达到较高的接收灵敏度和较宽的覆盖频率。

【实训任务目标】 ◆◆◇ •

1. 能识读收音机的框图和电路原理图等工艺文件。
2. 能识别、检测收音机所包含的主要元器件。
3. 能正确完成收音机 PCB 组装焊接和整机连线、装配。
4. 能够完成收音机整机性能的检测与调整。
5. 能检查和排除组装焊接中存在的质量问题。

【实训任务准备】 ◆◆◇ •

◆◇ **一、相关基本知识**

1. 无线电广播基础知识

电磁振荡产生电磁波。无线电广播是利用电磁波传播声音和图像信号的。声音和图像由电子设备转换成电信号，不能直接通过天线发射，必须用高频振荡器产生的载波进行调制后才能通过天线向空间发射。无线电广播中按调制方式的不同分为调幅（AM）和调频（FM）两种形式，按波段的不同分为短波（SW）波段和中波（MW）波段。高频无线电波在接收机天线中会产生高频感应电信号，这个电信号经过接收机解调后还原为声音和图像信号，调幅波和调频波相应的解调方式被称为检波和鉴频。

2. 识读框图

框图是用简单的"方框"代表一组元器件、一个部件或一个功能模块，用它们之间的连线表达信号通过电路的路径或电路处理信号的顺序。框图虽然不是真正的电路图，但却是使用最为广泛的说明性图形，它具有简单明确、一目了然的特点。框图主要分为整机框图、系统框图和集成电路框图三种类型。

晶体管超外差收音机整机框图如图 11-2 所示。它能让我们一眼看出收音机整机电路的全貌、主要组成部分及各级电路的功能。

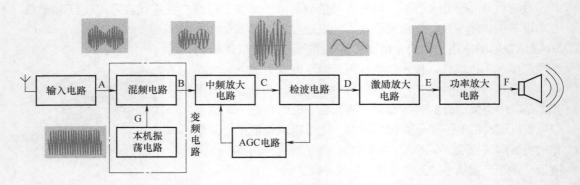

图 11-2　晶体管超外差收音机整机框图

3. 识读电路原理图

识读电路原理图的主要任务：一是能够正确分析整机电路中信号传输及变换；二是能够理清直流供电电路；三是能够识别各单元电路的元器件组成；四是明确原理图与印制电路板的对应关系。

（1）信号的传输及变换

晶体管超外差收音机各级电路间信号的传输流向及波形变换如图 11-3 所示，箭头表示信号流向。

（2）直流供电电路

晶体管超外差收音机直流供电如图 11-4 所示。图中箭头表示电流流向，标 * 号元件为可调整元件，标 X 的位置是用来测试静态电流的断点，分别用序号①~⑤来表示。

（3）单元电路

晶体管超外差收音机整机单元电路组成如图 11-5 所示。主要包括输入电路、变频电路、中频放大电路（包括中放 I、中放 II）、检波电路、AGC 电路、低频放大电路（包括激励放大和功率放大电路）、电源电路等部分组成。

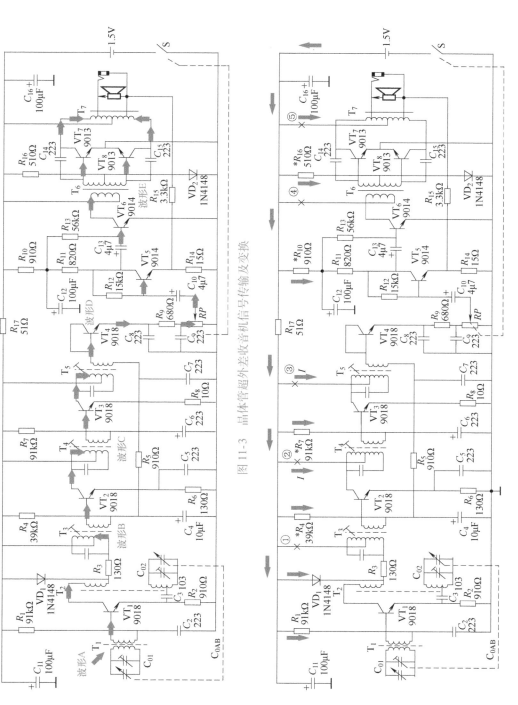

图 11-3　晶体管超外差收音机信号传输及变换

图 11-4　晶体管超外差收音机直流供电

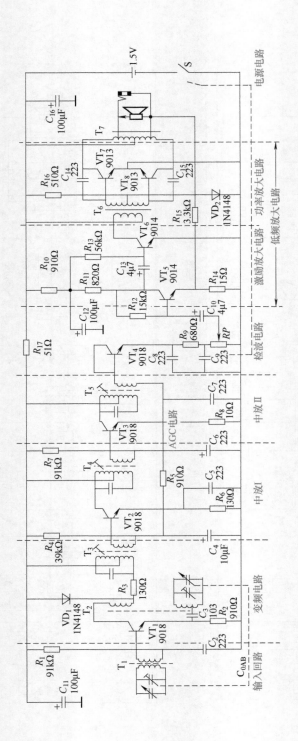

图 11-5　晶体管超外差收音机整机单元电路组成

（4）印制电路板（PCB）

晶体管超外差收音机印制电路板如图 11-6 所示。印制电路板体现了电路原理图中各元器件在电路板上的分布状况和具体位置，并且给出了各元器件引脚之间的铜箔导线及走向，它是组装焊接元器件的直接依据。识读印制电路图的关键是识别印制电路板上元器件符号、安装位置和极性，正确识读导线的连接关系。

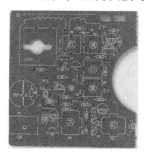

图 11-6　晶体管超外差收音机印制电路板

二、工艺文件和材料

1）晶体管超外差收音机电路原理图如图 11-3 所示，印制电路板如图 11-6 所示。

2）所需元器件及工具见表 11-1，组装工序卡见表 11-2。

表 11-1　晶体管超外差收音机所需元器件及工具

序号	名　称	标　号	型号或参数	规格/功能	单位	数量
1	电阻器	R_1	91kΩ	偏置电阻器	只	1
		R_2	910Ω	负反馈电阻器	只	1
		R_3	130Ω	负载电阻器	只	1
		R_4	39kΩ	偏置电阻器	只	1
		R_5	910Ω	与 C_4、C_7 组成 AGC 控制电路	只	1
		R_6	130Ω	偏置电阻器	只	1
		R_7	91kΩ	偏置电阻器	只	1
		R_8	10Ω	偏置电阻器	只	1
		R_9	680Ω	负载电阻器	只	1
		R_{10}	910Ω	偏置电阻器	只	1
		R_{11}	820Ω	偏置电阻器	只	1
		R_{12}	15kΩ	偏置电阻器	只	1
		R_{13}	56kΩ	偏置电阻器	只	1
		R_{14}	15Ω	偏置电阻器	只	1
		R_{15}	3.3kΩ	负反馈电阻器	只	1
		R_{16}	510Ω	偏置电阻器	只	1
		R_{17}	51Ω	电源退耦电阻器	只	1
		RP		音量电位器（带电源开关）	只	1

（续）

序号	名 称	标 号	型号或参数	规格/功能	单位	数量
2	电容器	C_{0AB}	双联可变	选频	只	1
		C_2	223	高频旁路	只	1
		C_3	103	耦合	只	1
		C_4	10μF	滤波、耦合	只	1
		C_5、C_6	223	高频旁路	只	2
		C_7	223	滤波	只	1
		C_8、C_9	223	旁路	只	2
		C_{10}、C_{13}	4μ7	耦合	只	2
		C_{11}、C_{12}、C_{16}	100μF	滤波	只	3
		C_{14}、C_{15}	223	消振	只	2
3	晶体管	VT_1	9018	混频级	个	1
		VT_2	9018	一中放级	个	1
		VT_3	9018	二中放级	个	1
		VT_4	9018	检波级	个	1
		VT_5	9014	前置放大	个	1
		VT_6	9014	前置放大	个	1
		VT_7	9013	功放级	个	1
		VT_8	9013	功放级	个	1
4	二极管	VD_1	1N4148	二次 AGC 控制	个	1
		VD_2	1N4148	提供偏置	个	1
5	振荡线圈	T_2	红	变压器反馈	个	1
6	中频变压器	T_3	白	465kHz	个	1
		T_4	绿	465kHz	个	1
		T_5	蓝	465kHz	个	1
7	低频变压器	T_6	输入变压器	黄	个	1
		T_7	输出变压器	红	个	1
8	扬声器	B	电动式扬声器	电信号还原成声音信号	个	1
9	磁性天线组件	L_1	中波磁性天线	接收电磁波并在线圈中产生高频感应电信号	个	1
10	印制电路板	PCB	单面覆铜	提供电子元器件的电气连接和机械架构	块	1
11	电烙铁、尖口钳、斜口钳、镊子				把	各1
12	焊锡及助焊剂					若干

三、实训计划和目标

根据实训任务描述制订本实训任务的实施计划和目标：

1）识别振荡线圈、中频变压器、输入/输出变压器等关键器件，确保组装正确。

2）在印制电路板上完成元器件的插装与焊接，熟悉复杂整机电路的组装焊接工艺。

3）检查印制电路板上的焊接及连线，确保元器件焊接及连线无误，提高质量检测能力。

4）对收音机整机电路进行工作点和中频调试，掌握电子设备整机调试的方法和步骤。

5）完成收音机机壳装配，熟悉常见机壳装配工艺。

6）对故障进行检查和排除，提高分析电路及排除故障的能力。

【实训任务步骤】

STEP1 元器件的清点、识别与检测

1）按照表 11-1 元器件及工具清单对收音机套件进行清点，确认元器件的数量和规格符合要求。

2）检测元器件外观有无标识不清、引脚断裂、外形破损的现象，不合格元器件不得安装。

3）观察并区分中频变压器与振荡线圈、输入/输出变压器等易混淆器件。

4）用万用表欧姆挡对二极管、晶体管进行引脚检测。

实训 11-1

STEP2 元器件的组装与焊接

按照表 11-2 所列组装工序及注意事项完成收音机整机的组装与焊接操作。

表 11-2　组装工序卡

序号	工序名称	操作内容	注意事项
1	清理印制电路板	1. 检查 PCB 板面 2. 清洁 PCB 覆铜层	要使用无水酒精棉球对印制电路板敷铜面进行清洁；不可用手直接摸电路板面，保持电路板清洁无油污
2	安装固定电阻器	1. 卧式安装引脚成形 2. 插装、焊接 3. 剪脚	按照电路图进行安装，不可错装；电阻一律采用卧式安装，电阻体紧贴电路板；覆铜面引脚齐焊点顶部剪断
3	安装瓷介电容器	1. 立式安装引脚成形 2. 插装、焊接 3. 剪脚	瓷介电容器无极性；元件面保留引脚高度 2mm 左右
4	安装二极管、晶体管	1. 立式安装引脚成形 2. 插装、焊接	注意型号和极性；元件面晶体管引脚保留高度 2mm 左右
5	安装电解电容器	1. 立式安装引脚成形 2. 插装、焊接 3. 剪腿	电解电容器有极性，元件面保留引脚高度 2mm 左右
6	安装振荡线圈和中频变压器	1. 元器件安装到 PCB 2. 焊接引脚	振荡线圈和中频变压器要根据色标区别开，安装时要找准位置，不可互换，金属外壳要焊接接地

（续）

序号	工序名称	操作内容	注意事项
7	安装输入/输出变压器	1. 整理变压器引脚 2. 插装、焊接	根据颜色区别输入/输出变压器，不要装错
8	安装音量电位器	1. 电位器安装固定到位 2. 焊接引脚	器件要紧贴电路板安装；安装音量电位器时应先用螺钉将其固定再进行焊接
9	安装耳机插座	1. 安装固定到位 2. 焊接引脚	器件要紧贴电路板安装
10	安装双联可调电容器	1. 将双联可调电容器安装到位并用螺钉紧固 2. 完成引脚焊接	安装双联可调电容器时，先将引脚插到位，用螺钉固定后再焊接
11	安装磁性天线组件	1. 组装磁性天线组件 2. 将组件安装到 PCB 3. 线圈引线处理与焊接	磁性天线的线圈是漆包线，焊接前应使用小刀轻轻刮去线圈两端的绝缘层（长度约2mm）并上锡处理
12	安装扬声器	1. 利用前机壳内卡榫结构将扬声器固定牢固并旋转调整角度 2. 焊接扬声器与电路板之间的引线	有的机型需要使用金属固定件和螺钉将扬声器紧固在机壳相应位置，螺钉紧固力度要适当
13	安装电源正负极端片	1. 焊接正、负极片电源引线 2. 正、负极片装配到位 3. 完成引线在 PCB 焊接	注意导线颜色与正、负极对应，正极用红色导线，负极用绿色或蓝色导线
14	接通测试点	用焊锡将电路板上预设的测试点接通	如需进行整机电路调整，可在此步骤进行
15	安装调谐旋钮	安装调谐旋钮及音量电位器旋钮	机壳紧固后调谐旋钮和音量电位器能够在一定范围内正、反向自如转动
16	电路板与机壳装配	1. 将已经安装元器件的电路板安装在前机壳内 2. 使用螺钉将电路板固定在前面板上	安装完毕要保证调谐电容器旋钮灵活旋转
17	安装调谐旋钮	将调谐旋钮安装在双联可调电容器上并用螺钉固定	将印有红色指针的圆形不干胶粘贴在旋钮上，当旋钮全部旋入时，窗口红色指针能够指在 530 刻度附近
18	安装 2 号电池	将一节 2 号电池安装在电源正负极之间	确保电源的安装极性正确
19	前后盖板装配	1. 将后盖板与前机壳紧密扣合 2. 检查各旋钮是否能够正常旋转	利用前、后盖卡榫之间的配合使前后盖紧密结合，完成整机外壳安装；检查音量电位器能否轻松转动

STEP3 作业质量检查

按照 IPC-A-610E 《电子组件的可接受性》及元器件引脚加工成形工艺要求检查本次任务作业质量，将检查结果填入表 11-3。

表 11-3 作业检查评分

序号	检查内容	评分标准	自查标准	小组评分
1	元器件识别	1. 能识别元器件与图样的对应关系 2. 能识别元器件型号并识读电阻器、电容器标称值	每错一处扣 0.5 分 共扣　　分	
2	元器件组装	元器件引脚成形符合要求，安装位置正确，无错装、漏装	每错一处扣 0.5 分 共扣　　分	
3	焊点质量	润湿性好，表面完整、连续平滑、焊料量适中；无脱焊、拉尖、桥接等不良焊点；焊点呈弯月形，润湿角度小于90°	每错一处扣 0.5 分 共扣　　分	
4	导线加工质量	1. 导线长度适当、焊接可靠 2. 剥头长度适当	每错一处扣 0.5 分 共扣　　分	
5	PCB 板面	无明显助焊剂残留、焊渣、灰尘和颗粒物；电路板光洁、无污渍、无划痕	每错一处扣 0.5 分 共扣　　分	
6	机械安装	1. 扬声器安装位置正确、紧固无松动 2. 磁性天线紧固无松动 3. 双联可调旋钮灵活，指针指示范围为 530～1605 4. 音量电位器旋转灵活 5. 机壳前面板紧固不脱落	每错一处扣 0.5 分 共扣　　分	
7	安全文明操作	1. 严格遵守安全用电规程 2. 正确使用组装焊接工具 3. 正确使用测量仪表 4. 工作中严肃认真，不随意走动	每错一处扣 0.5 分 共扣　　分	
8	现场管理	1. 实训过程中图样、工具、材料摆放有序 2. 废料、焊渣妥善收存 3. 实训结束后恢复现场	每错一处扣 0.5 分 共扣　　分	
		共计 10 分	总分：	

行业标准

以 IPC（国际电子工业联接协会）发布的 IPC-A-610E 《电子组件的可接受性》为依据。

机械安装的定义：

机械安装是指用螺钉、螺母、垫片、夹子等紧固件以及采用胶粘、扎线、铆钉、连接器插接等机械手段，将电子零件安装于印制电路板或任何其他组件。

元器件安装的可接受要求：

- 元器件布局不能妨碍其他紧固零件进出；
- 最小间距不能小于规定的最小电气间隙要求；
- 粘接材料足量，以固定零件但不能包裹元器件；
- 目检包括零件标识、装配次序，以及紧固件、元器件或电路板的损伤。

STEP4 整机电路的调试

收音机整机电路的调试有四项内容，对于由分立元器件构成的产品依次为：调整晶体管静态工作点，也叫调偏流；调整中频频率，也叫调中周；调整频率覆盖范围，也叫调覆盖；统调，也叫调补偿。

（1）调整静态工作点

打开电源开关，将双联可调电容器旋到底，使收音机不接收无线电信号。用万用表电流挡检测收音机各单元电路中晶体管集电极工作电流（PCB 相应位置已预留测试点，将万用表置于电流挡，红、黑表笔分接在测试点两端）记录于表 11-4 中。

实训 11-2

表 11-4　工作点测试调整记录

单元电路	可调元器件标号	阻值/Ω	设计电流/mA	调整前实测电流/mA	更换后阻值/Ω	调整后实测电流/mA
变频级	R_1	91k	0.3~0.5			
中放 I 级	R_4	39k	0.2~0.4			
中放 II 级	R_7	91k	0.7~0.9			
激励级	R_{10}	910	4.5~5.5			
功率级	R_{16}	510	3.5~4.5			

若静态电流值不在规定范围内，可以通过调整各级晶体管的基极偏置电阻器的方法使对应晶体管的集电极电流达到设计要求。调整结束后，将偏置电阻器更换为合适的固定电阻器，并将所在测试点用焊锡接通，调试电路如图 11-7 所示。

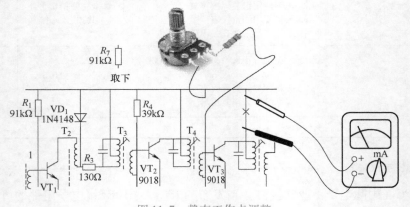

图 11-7　静态工作点调整

◀◀ **创新方案** ▶

测量电路中的电流，你有更好的思路和方法吗？

在电子设备的组装与检修工作中，常需要测量电路中的工作电流。在晶体管超外差收音机印制电路板设计中预留了测试点。但是多数电子产品中并不会预留测试点，如何在不对印制电路板进行切割或拆除元器件的情况下判断工作电流是否正常呢？

可以先测量对应电路中某个电阻器两端的电压，然后读取电阻器的电阻值，利用欧姆定律计算出电路中的电流值，用这种办法再去测试收音机的静态工作点。

（2）调整中频频率

晶体管超外差收音机的中频变压器（俗称中周）经过安装或检修后，会发生不同程度的失谐，常需要重新调整才能谐振于标准中频 465kHz。此项调整主要是改变中周线圈的磁心位置以改变电感量。

调中周的常用方法如下。

1）不用仪表进行调整。将被调收音机调至接收中波段低端一个不太强的信号，用螺钉旋具按 T_5、T_4、T_3 顺序逐个缓慢旋动中周磁心，如图 11-8 所示，每只都旋到扬声器发声最强为止。当顺时针方向旋进声音没有变大时，则改为反方向旋出。如果信号太强，不易分辨音量的变化，可转动收音机改变磁性天线的方向。

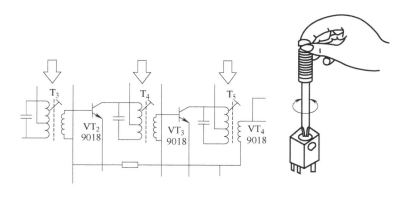

图 11-8　中频变压器的调整

2）利用万用表调整。将万用表置 1mA 直流电流挡串联接入中放 I 电路 VT_2 集电极。在电流表两端并联 $0.033\mu F$ 的电容器 C 和 $1k\Omega$ 的电位器 RP，如图 11-9 所示。RP 实际上充当一个分流电阻。调节 RP，使无接收信号时电流表指针满偏。接收到无线电信号后，按 T_5、T_4、T_3 由后至前旋动各中周磁心，均调到电流显示数最小为止。这是因为中周谐振时，检波输出的直流分量最大，自动增益控制最强，受控的 VT_2 集电极电流必然最小。以上调整需要反复进行 2~3 次。

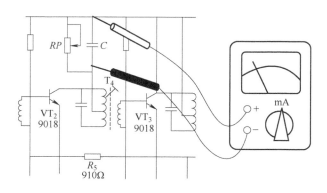

图 11-9　利用万用表调整中频变压器

3）使用简易信号源调整。简易信号源能输出 465kHz 的中频调幅信号，可将中周调得很准。将信号输出线的信号端接至收音机变频电路 VT$_1$ 基极，再将信号源地线与收音机地线接通，此后按照用万用表调整的方法进行即可。调整好中周磁心后可滴些熔蜡将磁心帽封住。

注意：带 * 的内容可根据实际情况选学。

（3）调整频率覆盖范围

调整频率覆盖范围的目的是：当双联可调电容器的动片从全部旋入到全部旋出时，接收频率范围能覆盖整个中波段 535～1605kHz。频率覆盖范围的调整一般是通过调整本振线圈 T$_2$ 以及本振回路补偿电容器 C$_{02}$实现的，可以采用以下两种方法。

不使用信号源调整的方法：将万用表置 1mA 直流电流挡，串入晶体管 VT$_2$ 的集电极，把刻度盘拨到 640kHz 位置（动片旋出约 15°），用螺钉旋具旋动振荡线圈 T$_1$ 的磁心，调到能够接收 640kHz 信号并使电流显示值最小；再把刻度盘拨到 1500kHz 位置（动片旋出约 160°），调整双联可调补偿电容器 C$_{02}$，一直调到能接收到 1500kHz 信号并使电流显示值最小。高端调试好后会影响低端，此过程需重复 2～3 次。

使用信号源调整的方法：可先将双联可调电容器动片全部旋入，在变频管基极注入 535kHz 调幅信号，用螺钉旋具旋动振荡线圈 T$_1$ 的磁心，使串入晶体管 VT$_2$ 的集电极电路电流最小（注：VT$_2$ 集电极负载此时处于电谐振状态，中频变压器两端电压最高，故集电极电流最小）；再将动片全部旋出，在变频管基极注入 1605kHz 信号，微调双联可调电容器中与振荡线圈并联的 C$_{02}$ 补偿电容器，使串入晶体管 VT$_2$ 集电极电路的电流最小。此后，反复对低频端和高频端进行多次调整，使两端均达到最佳，最后将 VT$_1$ 的磁心帽滴蜡封住。

（4）统调

统调的目的是使本机振荡频率与天线回路振荡频率的差值恒为中频 465kHz。通常是调整天线线圈 L$_1$ 和天线调谐回路的补偿电容器。统调的操作方法与调频率范围相似，只是调整低端时要沿磁棒平移天线线圈 L$_1$，调整高端时要旋动双联可调补偿电容器 C$_{01}$。

同样要调到电流显示值最小，并且也要高、低端反复调整。为了判断统调是否达到最佳状态，可用铜铁测试棒加以检验。收听统调时选用的低端和高端电台，用铜铁棒的铜端靠近天线线圈 L$_1$，如音量变大，则接收低端电台时应将线圈沿磁棒外侧移动，或适当减少线圈匝数；接收高端电台时则应减少 C$_{01}$ 电容值。反之，当铜铁棒的磁端靠近天线线圈 L$_1$ 时，收音机音量变大，则收听低端电台时将 L$_1$ 移向磁棒中央；收听高端电台时应增大 C$_{01}$ 的电容值。如此反复调整几次，直到无论用铜端或磁端靠近 L$_1$ 音量均减小，才可认定统调已完成。线圈 L$_1$ 也需用熔蜡粘封。

知识积累

1）调整晶体管放大电路静态工作点时，可用一个电阻值适当的电位器串联一个保护电阻器代替原来的偏置电阻器接入电路，调节电位器的电阻值使集电极电流达到设计要求时，测量电位器和固定电阻器的总阻值，然后换作固定电阻器重新安装到电路中。

2）不借助仪器调整中周磁心位置时，要选择中波段低端电台，按照由后级向前级的顺序用螺钉旋具依次调整中周磁心。调整过程中，要仔细辨析电台音量变化，顺时针方向或逆时针方向旋转磁心使音量达到最大。

3）电子设备的整机调整是一个细致、复杂的工作过程。调整过程相互之间会产生一定影响，因此要按照操作规程反复调试 2～3 次才能达到较好效果。

STEP5 分析电路故障位置、排除电路故障

对照原理图和印制电路板图检查电路，参照表 11-5 分析故障原因，将排故过程填入表中。若还有其他故障请将现象和分析过程请在表格下面补充。

表 11-5　故障汇总及反馈

故障现象	可能原因	排故方法	问题是否解决	小组评价
完全无声	1. 电源供电异常 2. 输出电路异常 3. 低频放大电路异常	1. 检查焊接质量问题 2. 检测电源供电电压 3. 检测扬声器电阻值 4. 检测低频放大电路	是 否	
有杂音无电台	1. 电台信号受屏蔽 2. 接收灵敏度低	1. 到开阔处接收 2. 调整磁棒线圈位置	是 否	
电台声音小	1. 电源电压异常 2. 中放级工作点异常	1. 检测并更换电源 2. 调整中放级工作点	是 否	
评价标准：能够分析故障原因并排除故障，共计 10 分			总分：	

STEP6 收获与总结

通过本实训任务，你进一步掌握了哪些技能？学会了哪些知识？在实训过程中你遇到了什么问题？你是怎么处理的？请填写在表 11-6 中。

表 11-6　问题汇总及反馈

序　号	掌握的技能	学会的知识	出现的问题	处理方法
1				
2				
3				
心得体会：				

【实训任务评价】 ❖❖ •

根据表 11-7 所列评价内容和评分标准对本实训任务完成情况开展自我评价与小组评价，将评价结果填入表中。

表 11-7 综合评价

序　号		评价内容和评分标准	自我评价得分	小组评价得分
1	职业素养 （30 分）	各项操作符合安全操作规程		
		工具摆放、着装等符合规范		
		保持工位的整洁		
2	团队合作 （20 分）	主动参与小组活动，积极配合小组成员工作，能完成自己的任务		
		能与他人共同交流和探讨，积极思考，能提出问题，能正确评价自己和他人		
3	装调质量 （40 分）	元器件识别、检测		
		组装、焊接工艺		
		调试与测量电路		
		简单故障的排除		
4	创新能力 （10 分）	能进行合理的创新		
总　分				

教师评语：

【思考与提升】 ◆◆◆ •

1. 电子整机组装需要准备哪些主要工艺文件，各有何作用？

2. 振荡线圈和中频变压器的外观和内部结构有何区别？

3. 为了方便进行工作点测试，在晶体管超外差收音机印制电路板上做了哪方面设计？

4. 调整静态工作点时，为何要在电位器上串联一个固定电阻器？

5. 借助万用表电流挡调整中频频率时（图 11-9），为何要将 VT_2 集电极电流值调到最小？

6. 在收音机整机调整中，请说出调频率覆盖的目的及如何调整。

7. 收音机接收电台信号的强弱差别很大，如何保证强弱不同信号下电路状态的自动调整？

【实训任务小结】 ◆◆◆ •

本实训任务所涉及的知识、方法、能力可用思维导图进行概括，如图 11-10 所示。

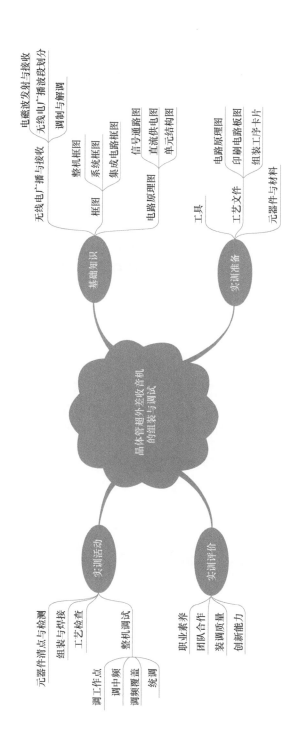

图 11-10   晶体管超外差收音机的组装与调试思维导图

12 数字万年历的组装与调试

【实训任务引入】 ❖❖◆ •

　　小张作为宿舍长，每天都会因为宿舍同学听不到起床闹铃声迟到而苦恼。后来在教师的指导下，几个同学一起动手制作了一台多功能数字万年历。这台万年历走时准确、整点报时、方便定闹钟，还具有农历和星期自动跟踪显示功能，采用高亮度数码管进行数字显示，清楚直观、功耗较低。自从宿舍里有了这台数字万年历后，大家定闹钟就方便多了，再也没有迟到过。

【实训任务描述】 ❖❖◆ •

　　本实训任务是根据学过的基本电路组装技术和常用元器件检测知识，先用万用表检测所有元器件的质量，然后用电烙铁、螺钉旋具等焊接组装工具完成一台多功能数字万年历的制作，并能够对万年历进行时间调试和闹钟设置，数字万年历如图 12-1 所示。

图 12-1　数字万年历

【实训任务目标】 ❖❖◆ •

　　1. 会简单识读数字万年历的电路安装图。

　　2. 会识别和检测二极管、晶体管、数码管、三端固定稳压器、石英晶体振荡器等的引脚。

　　3. 能对集成元器件进行焊接。

　　4. 能检测扬声器、会检验变压器的好坏。

　　5. 能焊接组装并会调试数字万年历，能排除简单的小故障。

【实训任务准备】 ◆◆◆· ·

◆ 一、相关基本知识

1. 七段数码管

七段数码管是由七段单独的发光二极管组成的一种数字显示器件，它们可以组成 0~9 十个数字图形，字形结构如图 12-2 所示。

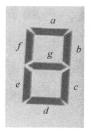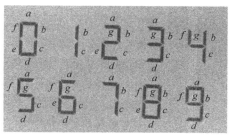

a) 实物　　　　b) 发光线段分布　　　　c) 发光线段组成的数字图形

图 12-2　七段数码管的实物图、字形结构

数码管内部的发光二极管电路如图 12-3 所示，其接线方式一般分为共阳极和共阴极两种。共阳极接法输入低电平有效，如 BS204、BS206 等。共阴极接法输入高电平有效，如 BS201、BS207 等。

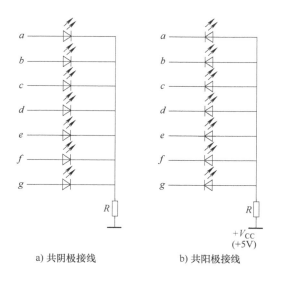

a) 共阴极接线　　　　　b) 共阳极接线

图 12-3　数码管内部发光二极管电路

数码管输入、输出之间的关系可以用真值表表示，共阳极七段数码管的真值表见表 12-1。根据真值表可以设计需要显示的数字。

表 12-1 共阳极七段数码管真值表

十进制数	输入				输出						
	A_3	A_2	A_1	A_0	a	b	c	d	e	f	g
0	0	0	0	0	0	0	0	0	0	0	1
1	0	0	0	1	1	0	0	1	1	1	1
2	0	0	1	0	0	0	1	0	0	1	0
3	0	0	1	1	0	0	0	0	1	1	0
4	0	1	0	0	1	0	0	1	1	0	0
5	0	1	0	1	0	1	0	0	1	0	0
6	0	1	1	0	0	1	0	0	0	0	0
7	0	1	1	1	0	0	0	1	1	1	1
8	1	0	0	0	0	0	0	0	0	0	0
9	1	0	0	1	0	0	0	0	1	0	0

2. 判别 7 段数码管

若需要了解 7 段数码管的质量和种类，请查阅相关产品资料。

3. 石英晶体振荡器的识别与检测

1）石英晶体振荡器简称石英晶振，俗称晶振。它具有谐振特性，可以用来稳定和选择频率，可以代替线圈 L 和电容器 C 构成的谐振回路、滤波器电路等。在使用中要轻拿轻放，不要敲击或碰撞石英晶体振荡器，以免造成损坏。石英晶振常见外形、结构和电路符号如图 12-4 所示。

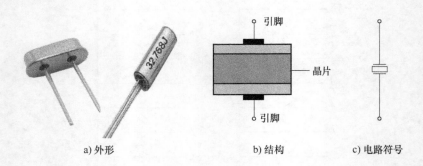

a) 外形　　　　　　　　　　b) 结构　　　　　c) 电路符号

图 12-4　常见石英晶振的外形、结构和电路符号

2）检测石英晶体振荡器：首先从外观上观察，表面应整洁光亮、无裂纹，引脚牢固可靠。

4. 电源变压器的识别与检测

电源变压器的一次、二次引线一般是从变压器两侧分别引出的，一次引线一般为红色，并在一次绕组上标有 220V 字样，二次引线多为绿色或黑色，也会在绕组上标出额定电压值，如 9V、12V、15V 等。常见小型电源变压器外形及符号如图 12-5 所示。

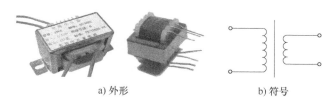

a) 外形　　　　　　　　　　b) 符号

图 12-5　电源变压器的外形和符号

　　判别变压器的好坏，可以先通过观察变压器的外形，来初步检查其是否正常，如线圈引线是否断裂、脱焊、绝缘材料是否有烧焦痕迹，有无锈蚀等。然后用万用表电阻挡检测每个绕组的电阻值，看有无短路或断路现象。一般电压值越大，其电阻值也越大，例如，220V/12V 的变压器，一次绕组电阻值一般为几百欧到几千欧，二次绕组电阻值较小，一般为几十欧到几百欧。

5. 电路安装图

　　电路安装图如图 12-6 所示。它可以帮助了解元器件之间的相对位置关系。

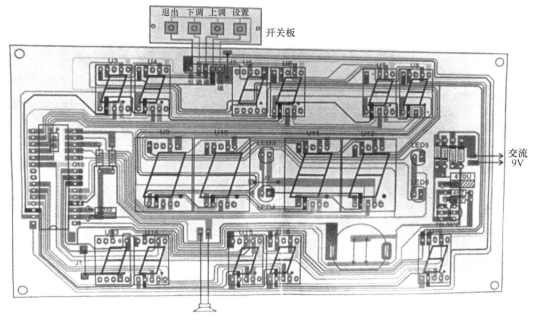

图 12-6　电路安装图

6. 直流电源部分

　　直流电源部分一般采用四只二极管构成全波整流电路，再用 $470\mu F$ 电解电容器构成滤波电路，用 LM7805（三端稳压器）进行稳压，然后直接为主板电路提供电源。目前，厂家采用了并联自激式开关电源，提供 6.8V 直流电压，送到三端稳压器稳压后再给万年历主电路供电。开关电源性能优良，保证了电源的可靠性，使万年历工作稳定，减少了组装过程中的出错率。开关电源原理图如图 12-7 所示。

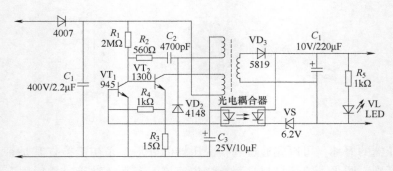

图 12-7　开关电源原理图

7. 数字万年历系统框图

数字万年历的系统框图如图 12-8 所示。

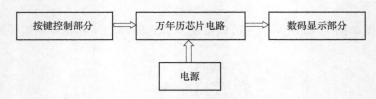

图 12-8　数字万年历系统框图

8. 数字万年历芯片简介

TG1508D5V5 为万年历专用芯片，它是一个有 30 个引脚的元件。数码管显示电路由 15 个数码管和 4 个发光二极管组成，分别显示日历和时间等内容，具体见表 12-2。

表 12-2　数码管显示的内容

数码管位号	U_3、U_4	U_5、U_6	U_7、U_8	U_9、U_{10}	U_{11}、U_{12}	U_{13}、U_{14}	U_{15}、U_{16}	U_{19}
显示内容	公历年份	公历月份	公历日期	小时	分钟	农历月份	农历日期	星期

万年历专用芯片 TG1508D5V5 的 12～26 脚分别连接数码管的公共端（22、23 脚悬空），作为位选信号选择点亮的数码管，7～10 脚、27～29 脚分别接数码管各引脚，选择想点亮的数码管字段。LED_3～LED_6 发光时，分别表示秒、闹钟和整点报时。按键分别连接芯片 7～9 脚、28 脚、30 脚，进行相应的对时、定闹、整点报时等功能。直流稳压电源输出的是 5V 直流电压，由芯片 1 脚引入，为电路提供电源。断电时，4 脚所接的圆片电池可以继续供电，保证万年历不受断电的影响。

◆ **二、工艺文件和材料**

1. 工具、仪器仪表

镊子 1 把、偏口钳 1 把、十字螺钉旋具 1 个、MF47 型万用表 1 台、万年历套件包 1 包、25W 内热式电烙铁 1 把、焊锡丝、绝缘胶带等。

2. 万年历的元器件清单

数字万年历的元器件清单见表 12-3。

表 12-3　数字万年历的元器件清单

序号	名　　称	标　号	型号与规格	单　位	数　量
主电路板					
1	电阻器	R_6、R_7	10kΩ	只	2
		R_8、R_9	4.7Ω	只	2
2	电容器	C_7	0.1μF（104）	只	1
		C_5	220μF/25V	只	1
	电解电容器	C_6	470μF/25V	只	1
3	二极管	$VD_1 \sim VD_4$	1N4007	只	4
4	发光二极管	$LED_3 \sim LED_6$	红光	只	4
5	石英晶体振荡器		32768Hz	个	1
6	集成电路		TG1508D5V5	片	1
	集成电路插座		15 脚	片	2
7	三端固定稳压器		LM7805	片	2
8	数码管	$U_3 \sim U_8$、$U_{13} \sim U_{16}$、U_{19}	0.5in①	只	11
		$U_9 \sim U_{12}$	0.8in	只	4
9	扬声器		8Ω、0.25W	个	1
10	主电路板		24mm×44mm	块	1
11	电池卡			个	1
12	塑料外壳			套	1
13	自攻螺钉			颗	10
14	导线			根	2
15	电源线			根	1
控制电路板					
16	控制电路板			块	1
17	PE 线			根	5
18	开关		4 脚	个	4
19	螺钉			颗	2
开关电源板					
20	电阻器	R_1	2MΩ	只	1
		R_2	560Ω	只	1
		R_3	15Ω	只	1
		R_4、R_5	1kΩ	只	2
21	电容器	C_1	2.2μF/400V	只	1
		C_2	4700pF	只	1
		C_3	10μF/25V	只	1
		C_4	220μF/10V	只	1
22	稳压二极管	VS	6.2V	只	1

（续）

序号	名 称	标 号	型号与规格	单 位	数 量
			开关电源板		
23	发光二极管	VL	LED 红光	只	1
24	普通二极管	VD$_1$	4007	只	1
		VD$_2$	4148	只	1
		VD$_3$	5819	只	1
25	变压器		220V/9V	个	1
26	晶体管	VT$_1$	945	只	1
		VT$_2$	13001	只	1
27	电路板			块	1
28	自攻螺钉		3mm×6mm	颗	2
29	细导线			根	2
30	光电耦合器		817	个	1

① 1 in = 0.0254m

三、实训计划和目标

根据实训任务描述制订本实训任务的实施计划和目标：

1）元器件的检测与识别，保证元器件质量良好。

2）对主电路板元器件进行插装与焊接。

3）对开关电源板元器件进行插装与焊接。

4）整机组装与完整性检验。

5）进行功能调试与故障排除。

实训 12

【实训任务步骤】◆◆◆•••••••••••••••••••••••••••••••••••

STEP1 元器件的识别与检测

1）对照原理图和材料清单清点元器件，进行初步分类。

2）检测元器件，并记录在表 12-4 中相应位置。

3）分析主电路板原理图，明确各部分连接关系。

4）工作结束，整理好工作桌面。

表 12-4　元器件的识别与检测记录

元器件名称	识 别			检 测	
	标 号	规 格	外 观	测 量 值	结 论
电阻器	R_7				
电容器	C_1				
发光二极管	LED$_1$			R$_正$： R$_反$：	
三端稳压器	LM7805	引脚排布：		R$_{1,2}$脚： R$_{2,3}$脚： R$_{1,3}$脚：	
数码管	U$_9$ ~ U$_{12}$	标出引脚：			接法：
扬声器				电阻值：	

STEP2 主电路板的安装与焊接

1）检验电烙铁是否能用，若有问题，及时调换。

2）根据主电路板焊接示意图焊接元器件，焊接后的主电路板如图 12-9 所示。

图 12-9　主电路板焊接示意图

3）根据 IPC-A-610E 《电子组件的可接受性》，按以下顺序安装元器件：电阻器、二极管、电容器、三端稳压器、发光二极管、数码管、集成电路、电池卡、晶体振荡器等。

4）焊接并剪去多余引脚。注意：安装数码管时要让小数点朝向右下侧，晶体振荡器需要卧式安装，安装发光二极管时不要太高，安装电容时需要卧式安装，否则会影响焊接与装饰面板的安装。

5）安装、焊接控制电路板时，先安装 4 个开关，依次焊接好连接导线，再根据电路图把导线另一端连接到主板电路上。注意：剥绝缘皮时不要剥得太长，否则容易出现线间短路现象。

6）完成焊接后，清洁工作台。

行业标准

以 IPC（国际电子工业联接协会）发布的 IPC-A-610E 《电子组件的可接受性》为依据。

机构零件浮件：

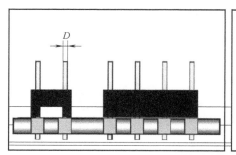

卧式零件组装的方向与极性：

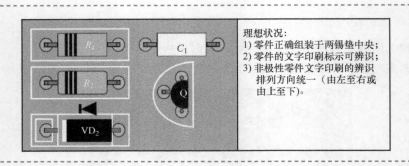

理想状况:
1) 零件正确组装于两锡垫中央;
2) 零件的文字印刷标示可辨识;
3) 非极性零件文字印刷的辨识排列方向统一(由左至右或由上至下)。

STEP3 开关电源板的插装与焊接

安装开关电源板上的元器件前,要用万用表对元器件的极性进行检测与识别,然后进行插装与焊接。

1)根据安装电路(图 12-10)安装并焊接所有元器件。

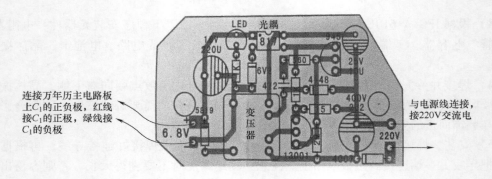

连接万年历主电路板上C_1的正负极,红线接C_1的正极,绿线接C_1的负极

与电源线连接,接220V交流电

图 12-10 安装电路

2)安装完成后,再把开关电源板放到后壳内相应位置,如图 12-11 所示。

图 12-11 安装开关电源电路板

3)操作结束后,清理工作台。

4)安装开关电源板:电源导线一般都从侧面引出,也可以在万年历后盖中间的适当位置钻一个小孔,将电源导线从万年历正后方引出。

STEP4 整机组装

整机组装的具体任务是将已经焊接好的主电路板、开关电源板和外壳进行安装，形成一台完整的数字万年历。

1）先把开关电源板安装到相应位置。

2）把扬声器安装到相应位置。

3）最后固定控制电路板到壳上，并把主电路板固定到塑料壳上。

4）连接扬声器线、控制线和电源线。

5）安装塑料面板与外壳并固定，具体如图 12-12 所示。

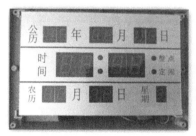

图 12-12　整机组装示意图

6）操作结束后，清理工作台。

应 用 提 示

1）把主电路板引线连接到扬声器时，为了方便，可在主电路板的焊盘面直接焊接从扬声器引过来的导线。

2）为了方便，可将开关电源板连线直接焊到主电路板焊盘面上。

3）先用两颗自攻螺钉将控制电路板固定于前壳上，再用四颗自攻螺钉将主电路板固定于壳架上。

4）理顺导线后再固定前后壳。

STEP5 作业质量检查

按照 IPC-A-610E 《电子组件的可接受性》及元器件引脚加工成形工艺要求检查本实训任务作业质量，将检查结果填入表 12-5。

表 12-5 作业检查评分

序号	检查内容	评价标准	自查结果	小组评分
1	组装焊接工艺步骤	装接顺序合理、操作正确	每错一处扣1分 共扣　　分	
2	元器件布局/连接线	布局合理；元器件分布不妨碍其他紧固件进出；电路最小电气间隙不小于0.5mm；零件标识易读；连接线长度适当、绑扎可靠、无应力集中	每错一处扣1分 共扣　　分	
3	焊点质量	润湿性好、表面完整、连续平滑、焊料量适中；无脱焊、拉尖、桥接等不良焊点；焊点呈弯月形，润湿角度小于90°	每错一处扣1分 共扣　　分	
4	导线加工	导线长度、剥头长度适当；搪锡润湿度良好	每错一处扣1分 共扣　　分	
5	元器件连接	元器件连接符合原理图	每错一处扣1分 共扣　　分	
6	元器件引脚加工	元器件引脚成形符合工艺要求，安装及字标方向一致性好	每错一处扣1分 共扣　　分	
7	PCB 板面	无明显助焊剂残留、焊渣、灰尘和颗粒物；电路板光洁、无污渍、无划痕	每错一处扣1分 共扣　　分	
	共计 10 分		总分：	

STEP6 功能调试与故障排除

检查组装后的整机质量，若发现问题，应对照电路图进行分析和解决。只要按要求和操作步骤认真组装、焊接，一般不会出现异常。若组装后的整机质量没有问题，可进行功能调试。

1）接通电源后，认真检查数字万年历有无打火、异味、冒烟等现象。若有，立即断开电源，进行排除。这一环节也可以在整机安装后进行，从而减少反复拆装塑料外壳带来的损坏。

2）数字万年历的塑料后壳顶部有功能调节键，从右至左依次为设置键、上调键、下调键、退出键。调节时，只需轻按相应功能调节键即可，具体功能如图 12-13 所示。

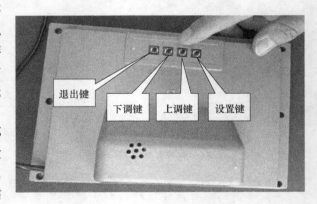

图 12-13 功能调节键示意图

3）调试过程。

① 通电观察与对时：新安装好的数字万年历通电后所有数码管均点亮，并发出音乐响声，等待 3～5s 后显示出×××年×月×日××时××分，则说明万年历功能正常，可以进行调试。

a）按一下设置键，"年"位数闪烁，按上调或下调键进行年份调整。

b）再按一次设置键，"月"位数闪烁，按上调或下调键进行月份调整。

　　c）再按一次设置键，"日"位数闪烁，按上调或下调键进行日调整。

　　d）同样可调整"小时""分钟"，最后按一下设置键恢复正常。农历日期和星期能自动跟踪变化。

　　② 整点报时功能的设定与取消：正常显示时，按一下上调键，整点报时指示灯亮，说明整点报时已经设定；再按一下上调键，指示灯灭，说明整点报时功能已经取消。

　　③ 定闹的设定与取消：在正常显示时，如果定闹指示灯亮，说明已经设定了闹铃；如果没亮，说明没有设定闹铃。

　　设定方法：按下调键，"小时"和"分钟"位上显示【----】同时定闹指示灯亮并发出"嘟、嘟、嘟、嘟"四声；这时按设置键，"小时"和"分钟"显示数字，并且"小时"数字跳动，按上调键或下调键设定需要的"小时"数字；再按上调键或下调键设定需要的"分钟"数字，再按一下设置键，"小时"和"分钟"数字静止，说明该时间的定闹已经完成，按退出键，恢复正常显示，并且定闹指示灯亮。如果想设定多组闹铃，就在按退出键之前按下调键，数字变成【----】时按两下设置键，"小时"和"分钟"数字闪烁，继续重复上述过程即可。最多可设置 8 组不同的闹铃。

　　取消方法：按下调键，在"嘟、嘟、嘟、嘟"4 声响后，"小时""分钟"位上显示定闹的时间数字，这时按上调键，让显示数字变为【----】说明本次闹铃取消；这时再按下调键，"小时""分钟"位上显示【----】；再按上调键，"小时""分钟"位上又显示数字，说明设定了多次闹铃，继续按上调键，让数字变成【----】，表示这次闹铃也取消了。重复上述过程，取消全部闹铃后会在公历的"月""日"位上显示【----】，这时按一下退出键或等待数秒后恢复正常显示，定闹指示灯熄灭。

　　④ 流水鸟鸣：正常显示情况下，按退出键，数字万年历会发出流水鸟鸣的音乐声，再次按退出键，音乐声取消。

　　4）故障排除。

　　① 如果出现乱码，要检查集成电路芯片以及与它关联的元器件有无损坏，可用替换法试验，确认后可更换损坏的元器件。

　　② 若所有数码管不亮，需要检查电源是否正常，电源引线是否正常，用万用表测量电源电压值是否正常。

　　③ 若个别数码管不亮，可检验数码管焊接时是否有漏焊、桥连等问题。

　　④ 若没有音乐声，可检查扬声器及其连接导线是否有问题。

STEP7 收获与总结

　　通过本实训任务，你又掌握了哪些技能？学会了哪些知识？在实训过程中你遇到了什么问题？你是怎么处理的？请填写在表 12-6 中。

表 12-6　收获与总结

序　号	掌握的技能	学会的知识	出现的问题	处理方法
1				
2				
3				
心得体会：				

◆◆ **创新方案**

你有更好的思路和方法吗？请给大家分享一下吧。

1）对比前面所学实训任务，本任务有哪些新收获？

2）合理改变元器件的参数，可使显示效果更明显。

3）根据需要，可以使用纽扣电池供电。

4）电路整机组装时可以根据需要进行步骤调整。

◆◆ **小技能做大事** ◆◆

1）主电路板焊接时需要两根跨接线，可用电阻器引脚替代，在剪引脚时注意预留好。

2）焊接电解电容器时，需要卧式安装，不要剪短引脚。

【实训任务评价】 ◆◆·········

根据表 12-7 所列评价内容和评分标准，对次实训任务完成情况开展自我评价与小组评价，将评价结果填入表中。

表 12-7　综合评价

序　号	评价内容和评分标准		自我评价得分	小组评价得分
1	职业素养 （30 分）	各环节符合安全操作规程要求		
		工具摆放、着装等符合规范		
		工位桌面整洁、有序		
2	团队合作 （20 分）	能主动参与小组活动，能在组长带领下分工协作，互相配合，能完成自己的任务		
		能与团队成员进行交流和探讨，解决疑难问题，能提出合理的问题，能正确评价自己和他人		
3	整机装接 （40 分）	对元器件检测正确无误		
		电路工艺及焊接质量符合要求		
		能进行电路参数测量和功能调试		
		能排查一般的小故障		
4	创新能力 （10 分）	实践过程中，能提出更好的见解，能采取有效的方法解决问题，能做出合理的创新		
总　分				
教师评语：				

【思考与提升】 ◆◆·········

你对电子产品装备制造行业有什么感想和认识？

【实训任务小结】 ◆◆·········

本实训任务所涉及的知识、方法、能力可用思维导图进行概括，如图 12-14 所示。

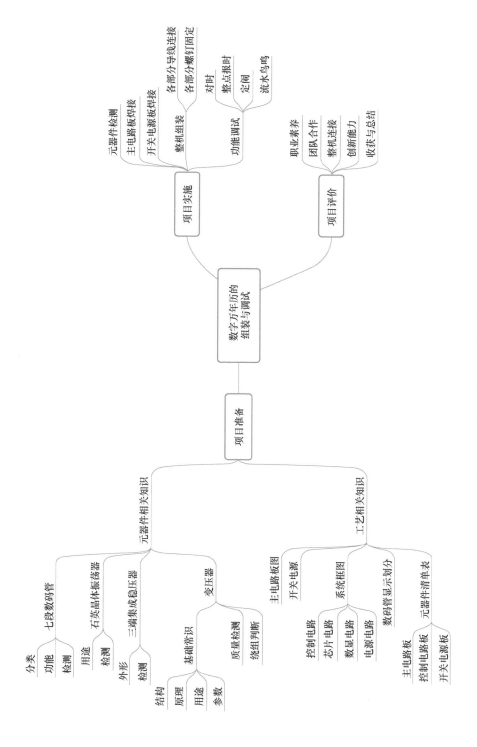

图 12-14　数字万年历的组装与调试总维导图

参 考 文 献

[1] 陈振源. 电子技术基础与技能 [M]. 2 版. 北京：高等教育出版社，2014.

[2] 范次猛，冯美仙. 电子技术基础与技能训练 [M]. 北京：电子工业出版社，2013.

[3] 邱勇进. 电子产品装配与调试 [M]. 2 版. 北京：机械工业出版社，2016.

[4] 王成安. 电子整机装配与调试 [M]. 北京：人民邮电出版社，2009.

[5] 陈有卿. 实用 555 时基电路 300 例 [M]. 北京：中国电力出版社，2005.

[6] 卿太全. 常用直流稳压电源电路应用 200 例 [M]. 北京：中国电力出版社，2013.